新觀念伽利略

預測未來的學問

機率

U0075715

人人出版

前言

面對未知的狀況必須做出「選擇」或「決定」時，

你會怎麼做？

相信自己的直覺固然可行，

但如果需要客觀的判斷基準，就輪到「機率」出場了。

從玩撲克牌、買樂透、氣象預報到過濾垃圾信等，

機率可說是無所不在。

除了機率的基礎外，

本書還會介紹許多有趣的問題，

讓你忍不住想和別人分享。

接下來就繼續看下去，

確認一下你的直覺是不是和機率

一樣準吧。

3 用機率破解賭博問題！

5 機率的應用

附錄

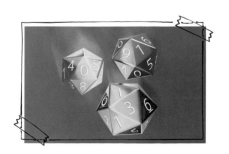

1

正式學習機率前的
暖身運動

機率是用來表示發生某件事情的可能性有多
大。這一章首先將介紹日常生活中各種事件
的發生機率,並說明這些機率是從何而來,
以及其中的原理。

飛機上的300名乘客中有醫師的機率

機率是用數字表示偶然事件發生的可能性

世界上充滿了各種偶然決定的事，未來會發生什麼事大概只有上帝才知道。

但透過數學計算，並分析過去曾經發生過的事，便能夠**用數字來表示「發生某件事情的可能性有多大」，我們將這稱為「機率」。**

例如，一架載了300名乘客的飛機上，至少有一名乘客是醫師的機率有多大呢？假設乘客全都是臺灣人，機率大約是61%。你是不是覺得這個機率出乎意料的高呢？還是覺得太低了？

計算過程複雜了點，不過大致如下。臺灣的醫師總數為7萬3,776人（截至2020年底），除以臺灣總人口2356萬1236人，可算出隨機一名臺灣人是醫師的機率約為0.31%。運用第26～27頁將會介紹的「餘事件」觀念，可以得知「300人中沒有任何一人是醫師的機率」為（1－0.0031）^{300}≒0.39。因此「飛機上至少有一名乘客是醫師的機率」便是1－0.39＝0.61＝61%。

我們再來看看其他和機率有關的例子。隨便發五張撲克牌，剛好拿到同花大順（royal flush，由同花色的牌A、K、Q、J、10組成，是撲克牌中最稀有、最強的一手牌，又稱為皇家同花順）的機率是0.000154%。至於在地球附近公轉，直徑約1公里的小行星1950DA在西元2880年撞擊地球的機率則是0.0029%[編註]。換句話說，可能給人類帶來巨大災害的事件發生的機率，大約高出拿到同花大順19倍。

編註：自1950年發現1950DA之後，撞擊地球的機率已多次更改，2015年12月修正為0.012%。2021年12月美國太空總署噴射推進實驗室（Jet Propulsion Laboratory）根據觀測數據估算，將1950DA撞擊地球的機率修正為0.0029%。

飛機上的300名乘客中有醫師的機率……61%

隨便發五張撲克牌，剛好拿到同花大順的機率……0.000154%
（約65萬分之1）

一年之中被雷擊中的機率

根據過去發生過的次數計算機率

相信大家都有感受到，近年來時常發生短時間強降雨，而且還伴隨著隆隆雷聲。**根據美國國家海洋暨大氣總署（NOAA）計算，一年之中被雷擊中的機率約為 $\frac{1}{1222000}$。** 美國自2009年至2018年的十年間，每年平均有270人因雷擊死傷。將這個數字除以2019年的預測人口3億3000萬人便會得到上述的機率。

日本的統計數字也可以套進相同的計算方法。根據警察廳發表的「警察白皮書」中2000～2009年十年間的數據，雷擊造成的死者、行蹤不明者與傷者合計為每年平均14.8人。將這個數字除以日本目前的總人口1億2600萬人，$14.8 \div 1$億2600萬 $\fallingdotseq \frac{1}{8513500}$。

換句話說，在日本一年之中被雷擊中的機率約為 $\frac{1}{8513500}$。

編註：越接近赤道的地區，落雷及雷擊事件越常發生。根據統計，加拿大遭到雷擊的機率低於100萬分之一，中國大陸為33萬分之一，臺灣平均每年雷擊死亡人數為3～4人，受傷者不超過40人，以2023年人口2340萬人估算，遭到雷擊的機率約54萬分之一。

因隕石撞擊地球而死的機率

可以透過大略的計算求出來

如果有巨大的隕石撞擊地球的話，將造成嚴重傷亡。那麼你因為隕石撞擊地球而死的機率是多少呢？

美國西南研究院（Southwest Research Institute）的查普曼博士（Clark Chapman，1945～）在1994年發表的《小行星與彗星對地球的影響：評估其危險性》論文中進行了以下計算。

首先假設50萬年會發生一次導致全球15億人死亡的巨大隕石撞擊。編註平均一年因此死亡的人數為15億人÷50萬年＝3000人。接下來將3000人除以全球人口※，可以算出一個人在一年之中因隕石而死的機率約為 $\frac{1}{1300000}$ 這個數字再乘以當時的全球平均壽命65歲，便會求出**一生中因隕石死亡的機率約為 $\frac{1}{20000}$**。

用目前的全球人口70億人與全球平均壽命72歲來計算，則大約是 $\frac{1}{32400}$。

※：論文中沒有提到計算時使用的全球人口數為多少。

編註：直徑約1公里的小行星平均50萬年撞擊地球一次，直徑5公里的天體平均約每2000萬年撞擊地球一次。最近一次直徑10公里以上天體撞擊地球發生在6500萬年前，造成白堊紀～第三紀的大滅絕事件。

一年之中
遇到火災的機率

臺灣每年火災超過1.5萬件
一天平均約有44件

臺灣一年會發生超過1.5萬件火災。根據內政部消防署發表的數字，2022年的總失火件數為15,890件，單純除以365天的話，一天約發生44件火災。這樣看來，遇到火災的機率似乎非常高，那麼以下就來實際算算看機率是多少。

發生火災的機率可以用總失火件數除以家戶數計算出來。 2022年臺灣的家戶數為908萬9450戶，因此$15,890 \div 9,089,450 \fallingdotseq \frac{1}{572}$。**那麼，一年之中發生火災的機率便是$\frac{1}{572}$。**

另外，消防署統計，2022年因火災而遭受損害的建築物為5,512棟，代表一天平均有15棟建築遭祝融肆虐。起火原因排名第一的是遺留火種4,764件佔30%，第二是燃燒雜草、垃圾4,385件佔27.6%，第三是電氣因素2,890件佔18.2%。

1億3700萬分之1 的奇蹟

「下一次一定會開紅色」的想法是錯的

輪盤是一種將球丟到有0～36的數字，共37格的轉動盤面上，看球會落到哪個數字的賭博遊戲。最簡單的賭法，就是下注球會落在0以外的奇數或偶數，或下注球會落在0（綠色）以外的18格紅色或18格黑色。編註1

1913年8月18日在摩納哥蒙地卡羅（Monte-Carlo, Monaco）的賭場曾發生一件令人難以置信的事。那就是賭場的輪盤**竟然連續26次開出黑色**編註2。

當時在場的賭客在這個過程之中，紛紛像是著了魔般開始下注在紅色。這或許是因為大家都認為「不可能連續開出那麼多次黑色，下一次一定會開出紅色」。會有這種想法是很正常的。

但在轉輪盤的時候，**無論已經連續開出多少次黑色，都不會影響接下來的結果。只要條件沒有改變，下一次開出紅色的機率都是維持不變的。**

編註1：最早的輪盤上並無0號，1843年法國人加上了0號，以增加莊家優勢（反過來說，即降低賭客押中的機率），稱為歐式輪盤；其後傳至美國，美國人又在輪盤加上00號，成為38格，稱為美式輪盤。另有一款再加上000號，成為39格，稱為金沙輪盤（Sands Roulette）。

編註2：該場賭局的賭徒們在押黑色時損失了數百萬法郎，後來被稱為「賭徒謬誤」（gambler's fallacy，也稱為蒙地卡羅謬誤）。

擲硬幣1000次

擲出正、反面的機率會各是$\frac{1}{2}$嗎？

擲硬幣1000次的結果

右邊的圖畫出了實際擲硬幣1000次得到的結果。黑色代表正面，白色代表反面，從第一列開始，由左至右依序表示每次的結果。

　先來看連續10次及連續100次的結果。綠線圈起來的部分是連續10次，紅線圈起來的部分是連續100次的結果。下一頁的圖是這些結果經過整理，將正面與反面重新排整齊後呈現出的樣子。

假設有一枚擲出正（黑）、反（白）面的機率相等的硬幣，擲出正面和擲出反面的機率都是 $\frac{1}{2}$。

左下圖是實際擲這樣一枚硬幣1000次，並記錄每一次是擲出正面或反面後，最終呈現的結果。

看圖後可以發現，開頭十次擲出來的結果是反、正、反、反、反、正、反、反、正、反，正面的比例是 $\frac{3}{10}$（＝30%），反面的比例是 $\frac{7}{10}$（＝70%）原本的機率應該是各為 $\frac{1}{2}$（＝50%），兩者的差距不小。

那麼擲完頭100次的結果又是如何呢？正面為45次（＝45%），反面為55次（＝55%），**比只擲十次的結果更接近原本應該呈現的機率 $\frac{1}{2}$（＝50%）**。

在這1000次之中，如果只挑選一部分的結果來計算，也可以看到類似的趨勢（下方圖）。

為什麼會這樣呢？

10次與100次的結果

從左邊的實驗結果中擷取出10次（綠線圈起來的部分）、100次（紅線圈起來的部分）的結果，並將正反分別排好。從經過整理的圖可以看出，擲100次會比擲10次更接近 $\frac{1}{2}$。

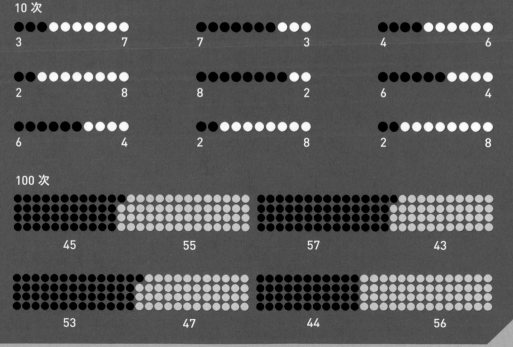

10 次

3　　　7　　　7　　　3　　　4　　　6

2　　　8　　　8　　　2　　　6　　　4

6　　　4　　　2　　　8　　　2　　　8

100 次

45　　　55　　　57　　　43

53　　　47　　　44　　　56

擲硬幣無限多次，正反面的比例會是$\frac{1}{2}$

擲硬幣的次數越多，
就會越接近理論上的機率

擲硬幣1000次的結果

如果是擲一枚重心、形狀等
都沒有任何偏誤的硬幣，擲
出正面與擲出反面的機率會
各為$\frac{1}{2}$（假設不會有硬幣剛好
豎立著沒有倒下的情況）。

右圖和上一單元一樣，是
實際擲硬幣1000次的結果。
下一頁的圖整理出了用綠線
圈起來的擲10次的結果、用
紅線圈起來的擲100次的結果
以及擲1000次（全部）的結
果，並將正面與反面重新排
列整齊。

經過前一單元確認，持續擲硬幣100次的結果會比擲10次更接近理論上的機率50%。如果次數增加到1000次，又會如何呢？

擲1000次得到的結果是正面508次，反面492次，以百分率表示則是正面50.8%，反面49.2%。**這比擲100次的結果更加接近理論上的機率$\frac{1}{2}$（＝50%）**。

這並不是因為「這次擲出來的結果碰巧是這樣」。即使像擲硬幣這種每一次的結果都是出於偶然、無法預測的事，只要不斷重複進行，整體的結果就會逐漸接近理論上的機率。**這叫作「大數法則」（Law of large numbers）**。

擲一枚沒有任何偏誤的理想硬幣編註無限多次，正面與反面的比例會剛好各是$\frac{1}{2}$（＝50%）。

編註：1946年，英國數學家以仿英國克朗銀幣的木質硬幣進行了拋硬幣實驗。木質硬幣的反面塗了一層鉛，結果在1000次拋硬幣實驗中，落在桌布上的硬幣有679次是未塗鉛的正面朝上。這枚仿製加工的硬幣被稱為「有偏差或不公正的硬幣」，並非「理想或公正的硬幣」。

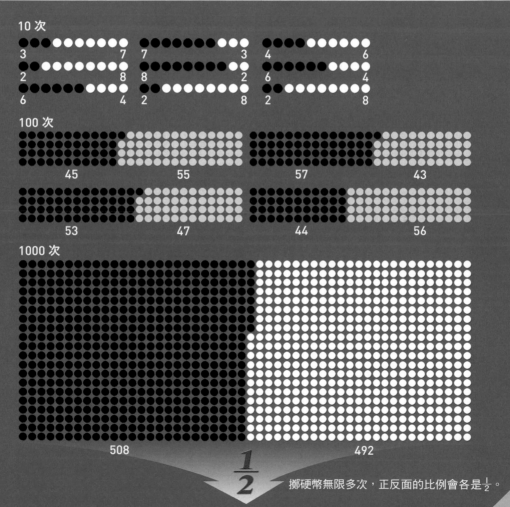

10 次

3	7	7	3	4	6
2	8	8	2	6	4
6	4	2	8	2	8

100 次

45　55　57　43

53　47　44　56

1000 次

508　492

$\frac{1}{2}$

擲硬幣無限多次，正反面的比例會各是$\frac{1}{2}$。

認識 機率的基本用語①

什麼是樣本點、樣本空間、事件？

本單元開始將介紹機率相關用詞及定義。由於稍微有難度，因此也可以跳過這個部分，直接從第32頁讀起。

擲硬幣得到的結果可能會是「正面」或是「反面」。這種有可能發生的個別結果稱為「**樣本點**」（sample point），通常用小寫的「ω」（omega）符號來表示。所有樣本點的集合則稱作「**樣本空間**」（sample space）。

編註樣本空間通常用大寫的「Ω」

樣本空間的例子

以下是「擲一次硬幣」與「擲一次骰子」的樣本空間。

樣本空間 Ω

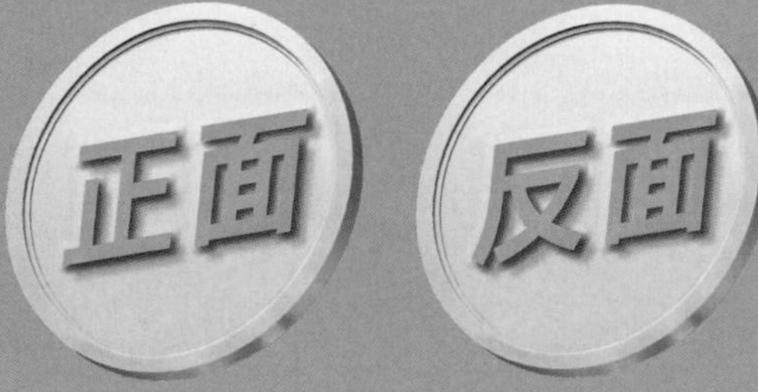

擲一次硬幣的樣本空間
Ω＝{正，反}

正面　反面

標本空間 Ω

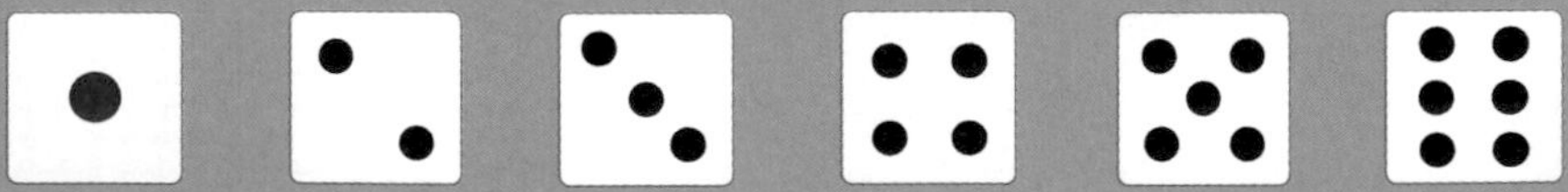

擲一次骰子的樣本空間 Ω＝{1，2，3，4，5，6}

（Omega）符號來表示。以擲一次硬幣為例，樣本空間可以寫作 Ω＝{正，反}。

另外，機率論將有可能發生的事稱為「事件」（event）。事件是從樣本空間中選出來的一個部分（子集）。例如，擲骰子時會有「擲出偶數點」、「擲出1點或3點」、「擲出6以外的點數」等各式各樣的事件。

至於絕不會發生的事件（完全沒有任何樣本點的事件）則稱為「空事件」（null event又稱不可能事件），用符號「φ」表示。與樣本空間 Ω 一致的事件稱為「全事件」（sure event又稱必然事件）。

編註：樣本空間也常用集合符號 U（universal set，譯為宇集又稱全集）來表示，如果樣本空間中沒有任何事件，便稱為空集合（empty set）。樣本空間中的任何一個子集（subset亦稱部分集合）都被稱為一個事件，如果一個子集只有一個元素，那這個子集被稱為基本事件（elementary event），如果事件含有兩個或兩個以上的元素（樣本點）則稱為複合事件（composite event）。

樣本空間中的事件

下方的圖說明了「樣本點」、「全事件」、「空事件」的關係。

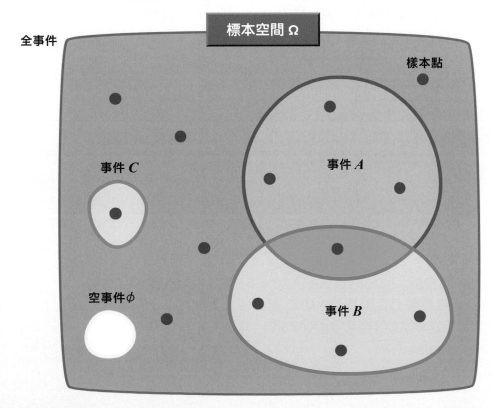

認識機率的基本用語②

什麼是和事件、積事件、餘事件？

接下來要看的是事件彼此之間的關係。以下會用擲一次骰子為例，也就是樣本空間 $\Omega = \{1，2，3，4，5，6\}$ 進行說明。

「**事件 A 與事件 B 中至少有一方會發生**」的事件，稱為事件 A 與事件 B 的「**和事件**」（sum event），也稱為事件A與事件B的**聯集**（union set），用「$A \cup B$」表示。例如，

A ＝擲出奇數點的事件
　＝$\{1，3，5\}$
B ＝擲出4以上點數的事件
　＝$\{4，5，6\}$

如此一來，A 與 B 的和事件便是

$A \cup B = \{1，3，4，5，6\}$

「**事件 A 與事件 B 同時發生**」的事件則稱為事件 A 與事件 B 的「**積事件**」（product event），也稱為事件 A 與事件 B 的**交集**（intersection set），用「$A \cap B$」表示。^{編註}以上面提到的事件 A、B 為例，A 與 B 的積事件為

$A \cap B = \{5\}$

另外，「**沒有發生事件 A**」的事件稱為 A 的「**餘事件**」（complement event），也稱為事件 A 與事件 B 的**餘集**（complement set），寫作「$\overline{A}$」或「A^c」。例如，若是前面提到的 $A = \{1，3，5\}$（＝擲出奇數點的事件），

$A^c = \{2，4，6\}$

（＝擲出偶數點的事件）
至於 $A \cup B$ 的餘事件則是

$(A \cup B)^c = \{2\}$

$A \cap B$ 的餘事件則是

$(A \cap B)^c = \{1，2，3，4，6\}$

雖然有點難，根據上述這些關係，以下名為「笛摩根法則」（De Morgan's laws）的關係也會成立。

$(A \cup B)^c = A^c \cap B^c$
$(A \cap B)^c = A^c \cup B^c$

編註：「事件 A 與事件 B 不可能同時發生」的事件稱為互斥事件（mutually exclusive event又稱互不相容事件），詳見第62頁。

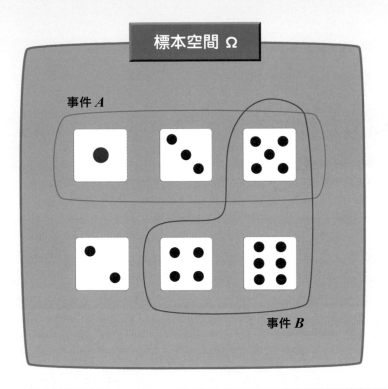

事件A與事件B的和事件：$A \cup B = \{ \text{⚀ ⚂ ⚃ ⚄ ⚅} \}$

事件A與事件B的積事件：$A \cap B = \{ \text{⚄} \}$

事件A的餘事件：　　　　$A^C = \{ \text{⚁ ⚃ ⚅} \}$

用圖形說明和事件、積事件、餘事件（較深的藍色部分）

$A \cup B$ $A \cap B$ A^C

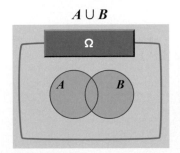 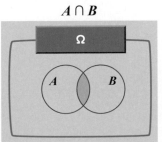 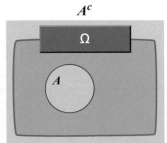

正式學習機率前的暖身運動

計算機率前要建立的基本觀念

思考一件事情會有多少種可能

計算擲骰子擲出奇數點的機率

骰子的全事件Ω的樣本點數量

$$|\Omega| = |\{⚀, ⚁, ⚂, ⚃, ⚄, ⚅\}| = 6$$

事件A：奇數點的樣本點數量

$$|A| = |\{⚀, ⚂, ⚄\}| = 3$$

由此可知，骰子擲出奇數點的機率為

$$P(A) = \frac{|A|}{|\Omega|} = \frac{3}{6} = \frac{1}{2}$$

註：前提是骰子的結構（重心、形狀）沒有任何偏差。

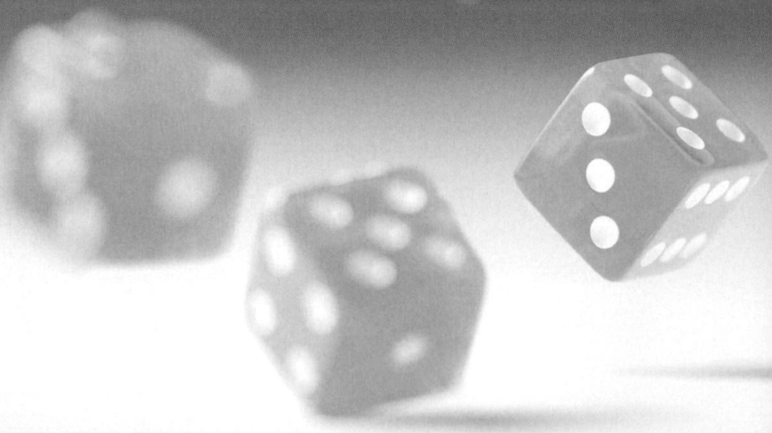

發生某個事件A的機率寫作P（A）。P是從機率的英文「probability」的第一個字母而來。$P(A)$的值會介於0與1之間。

發生事件A的機率$P(A)$可以定義為

$$P(A) = \frac{（事件 A 的樣本點數量）}{（全事件的樣本點數量）}$$

另外，事件A的樣本點數量（簡稱樣本數sample size）則是以$|A|$來表示。

以下先以擲一次骰子為例進行說明。但前提是骰子沒有動過手腳，重心或形狀不會有任何偏差。

此時樣本空間$\Omega = \{1，2，3，4，5，6\}$，全事件的樣本數$|\Omega| = 6$。假設事件A為「擲出奇數點」，事件$A = \{1，3，5\}$，樣本數$|A| = 3$。因此擲骰子擲出奇數點的機率便是

$$P(A) = \frac{|A|}{|\Omega|} = \frac{3}{6} = \frac{1}{2}。$$

計算一般事件的機率

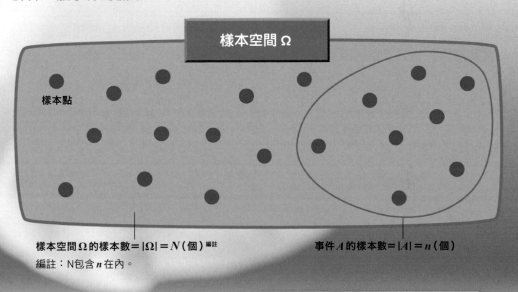

樣本空間 Ω

樣本點

樣本空間Ω的樣本數$= |\Omega| = N$（個）[編註]
編註：N包含n在內。

事件A的樣本數$= |A| = n$（個）

事件 A 的機率

$$= \frac{（事件 A 的樣本數）|A|}{（全事件的樣本數）|\Omega|} = \frac{n}{N}$$

學習機率不可不知的 重點整理

機率的重要公式一覽

事件的機率

機率論將有可能發生的事稱為「事件」。若假設某事件為 A，A 發生的機率在數學上會以符號 P 表示，寫成以下公式。「所有可能狀況」是指「可能發生的各種狀況的數量」。

$$\text{發生 } A \text{ 的機率} = P(A) = \frac{\text{發生 } A \text{ 的所有可能狀況}}{\text{有機會發生的所有可能狀況}}$$

積事件（乘法）

「A 與 B 皆發生」的事件可用符號 ∩ 寫成 $A \cap B$，讀作「A 與 B 的交集」。當 A 與 B 不會影響彼此的發生（兩者獨立）時，A 與 B 皆發生的機率可用以下的乘法（積）表示。

$$A \text{ 與 } B \text{ 皆發生的機率} = P(A \cap B) = P(A) \times P(B)$$

和事件（加法）

A 與 B 不會同時發生（兩者互斥）時，「A 與 B 至少其中一方發生」的事件可用符號 ∪ 寫成 $A \cup B$，讀作「A 與 B 的聯集」。A 與 B 至少其中一方發生的機率可用以下的加法（和）表示。編註

$$A \text{ 與 } B \text{ 至少其中一方發生的機率} = P(A \cup B) = P(A) + P(B)$$

編註：「$A \cup B$ 的餘事件」稱為 A 在 B 中（或 B 在 A 中）的差集（difference set），記為 $B \setminus A$ 或 $B-A$（或 $A \setminus B$ 或 $A-B$）。

餘事件

「沒有發生A」的事件稱為A的餘事件，也稱為事件A的餘集或補集。A的餘事件在數學中是在表示事件的英文字母A上方加橫線，寫成$\overline{A}$。A的餘事件的機率寫作$P(\overline{A})$，可以用1減去$P(A)$求出來。

$$\boxed{A\text{ 的餘事件的機率}} \;=\; \boxed{P(\overline{A})} \;=\; \boxed{1 - P(A)}$$

排列（Permutation）

機率論將從n個之中挑出r個排出先後順序時的所有可能狀況稱為「排列」，使用符號P以下方的式子表示。「!」稱為階乘（factorial），n!代表1到n的所有數字相乘之意，第2章會詳細說明。

$$\boxed{\begin{array}{l}\text{從 } n \text{ 個之中挑出 } r\\ \text{個的排列}\end{array}} \;=\; \boxed{{}_n\mathbf{P}r} \;=\; \boxed{\dfrac{n!}{(n-r)!}}$$

組合（Combination）

從n個之中挑出r個時的所有可能狀況稱為「組合」，使用符號C以下方的式子表示。組合與排列不同，不區分先後順序，第2章會詳細說明。

$$\boxed{\begin{array}{l}\text{從 } n \text{ 個之中挑出}\\ r \text{ 個的組合}\end{array}} \;=\; \boxed{{}_n\mathbf{C}r} \;=\; \boxed{\dfrac{n!}{r!(n-r)!}}$$

期望值（Expected value）

將有可能發生的所有事件1～n每一事件的發生機率（P_1～P_n）與該事件發生時會得到的值（X_1～X_n）相乘，然後全部相加所得到的數字稱為「期望值」。

$$\boxed{\text{期待值}} \;=\; \boxed{P_1 \times X_1} \;+\; \boxed{P_2 \times X_2} \;+\; \cdots\cdots \;+\; \boxed{P_n \times X_n}$$

撲克牌的排列方式多到超乎想像

除了鬼牌以外的52張撲克牌共有多少種排列方式呢？

答案是約有8×10^{67}種。這是一個多達68位數的天文數字。

我們可以用「從52張牌中一次挑出一張牌來排列，直到挑完整付牌」來思考。第一張牌共有52種選擇，第二張牌是從剩下的51張牌中挑選，因此頭兩張牌的排列方式有52×51種。第三張牌則是從50張中挑選，因此頭三張牌的排列方式有$52 \times 51 \times 50$種。像這樣依序下去就會是$52 \times 51 \times 50 \times \cdots \times 2 \times 1 = 52!$，經過計算後會得到68位數的巨大數字。

68位數的數字究竟有多大呢？宇宙的年齡約為138億年，這是一個11位數的數字，完全比不上52!。如果忽略閏年等因素，將138億年換算成「秒」的話，138億年×365天×24小時×60分×60秒＝435196800000000000

秒（18位數）。這仍然遠遠不及52!。

由此可知，**徹底洗牌過的撲克牌出現完全相同順序的機率趨近於0**。

再用一個超乎現實的例子來說明。假設從宇宙誕生到現在，有100億人以1秒排好1次的速度持續不斷排列撲克牌。以如此人力花費如此時間得到的撲克牌排列方式，等於前面算出的435196800000000000秒乘以100億人，會是28位數的數字，距離68位數仍然是遙不可及。

由於無法進行確認，因此無從得知實際究竟如何，但在人類歷史中，確實洗牌過的撲克牌應該從來不曾出現過完全相同的排列吧。

52 張撲克牌有多少種排列方式？

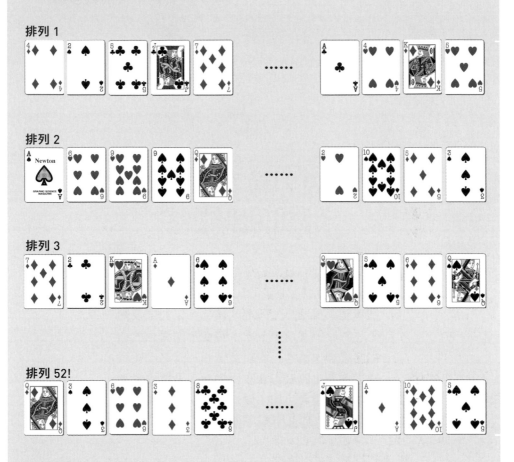

排列 1

排列 2

排列 3

排列 52!

52! 種

= 80658175170943878571660636856403766975289505440883277824000000000000

(約 8×10^{67})

2

機率的重要觀念！
排列與組合

機率論其實源自於賭徒的疑問，伽利略及費馬（Pierre de Fermat）等數學家是由此發展出相關理論的。要計算機率，就必須知道有可能發生的狀況有多少數量，這時候就需要用到「排列」與「組合」了。這一章將會介紹排列與組合的基本觀念。

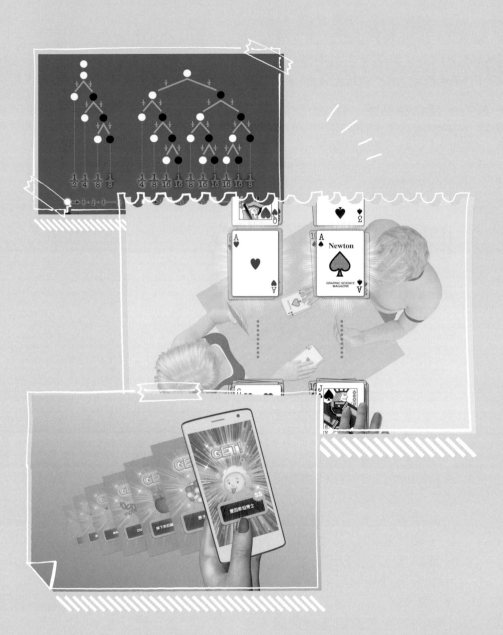

九名棒球選手能排出**多少種**打序？

一天打一場比賽的話得花上天文數字的時間

假設你要替九名棒球選手排出打擊順序，打算一天打一場比賽，嘗試所有的打序。這樣需要花多少天呢？

答案是多達36萬2880天，大約要花上994年。以下說明這個數字是如何計算出來的。

首先，一至九棒中的第一棒是從九個人之中挑選，第二棒則是從剩下的八人之中挑選，第三棒是從剩下的七人之中挑選……因此共有9×8×7×6×5×4×3×2×1＝36萬2880種可能的打序，除以365天的話大約是994年。

如果再加上三名替補選手的話，等於是從12人中選出9人排打擊順序。這時得花上7983萬3600天才能打完所有比賽，幾乎是22萬年。

像這樣**從某個數量中挑選一定數量並排出順序時，所有可能的順序便是「排列」**。排列是計算機率的一項重要因素。

BATTING ORDER		
BASEBALL TEAM		
1	日村	SS
2	月岡	P
3	火野	CF
4	水島	1B
5	木下	C
6	金森	LF
7	土屋	RF
8	天本	2B
9	海部	3B

打序範例

以九名選手排打序共有36萬2880種排法。要用比賽一一試遍所有排法是
不可能的事。

三顆骰子合計最容易出現多少點？

賭徒的經驗法則是對的嗎？

三顆骰子合計點數的問題曾經令17世紀的賭徒們困擾不已。合計點數為 9 的組合有 6 種，合計點數為10的組合也是 6 種，兩者相同（左下方圖）。但根據他們的經驗，10比 9 更容易出現。

解答了這個疑問的是義大利科學家伽利略（Galileo Galilei，1565～1642）。**伽利略發現，三**

三顆骰子合計點數的組合

如果不區分三顆骰子的話，合計點數為 9 的組合共有 6 種，合計點數為10的組合也是 6 種。但17世紀的賭徒根據經驗覺得，合計點數為10比 9 更常出現。

三顆骰子合計點數為 9 的組合

三顆骰子合計點數為10 的組合

6 種
=
6 種

?

顆骰子應該要做出區別才對。^{編註}

為了方便舉例，這裡先分別用兩顆骰子的合計點數為2和3的狀況來說明。合計點數是2的話，數字的組合就只有（1，1）；如果合計點數是3的話，數字的組合只有（1，2），兩者都是一種。但將兩顆骰子區分為A、B的話，合計點數是2只有「A為1，B為1」一種，合計點數是3的話卻會有「A為1，B為2」與「A為2，B為1」兩種可能。

編註：17世紀的一項賭博稱為「過十」（passe-dix）。當擲出三個骰子的合計點數低於10點時，賭注歸莊家所有。合計點數為10點或超過10點（賭博由此得名）時，莊家就必須賠給玩家加倍的賭注。伽利略應托斯卡尼大公（grand duke of Tuscany）的要求分析上述賭博為什麼「合計點數為9的機會比10的機會少？」

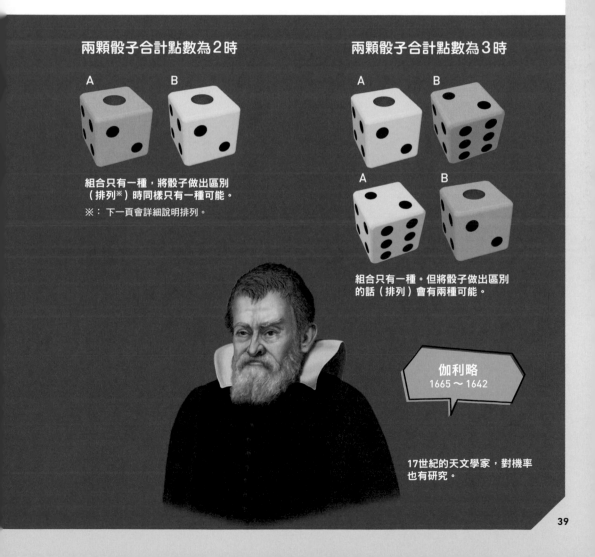

兩顆骰子合計點數為2時

A　　　　B

組合只有一種，將骰子做出區別
（排列※）時同樣只有一種可能。

※：下一頁會詳細說明排列。

兩顆骰子合計點數為3時

A　　　　B

A　　　　B

組合只有一種。但將骰子做出區別
的話（排列）會有兩種可能。

伽利略
1665～1642

17世紀的天文學家，對機率也有研究。

「排列」與「組合」的不同

重點在於根據不同狀況正確運用

三顆骰子的點數合計為9有25種可能

下方是三顆骰子的點數合計為9的狀況。上半部是三顆骰子不做區別，共有六種「組合」。下半部則是將三顆骰子做出區別，總共會有25種「排列」。

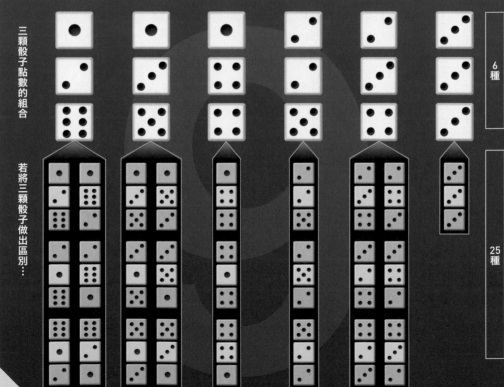

三顆骰子點數的組合

若將三顆骰子做出區別…

6種

25種

接下來會將三顆骰子做出區別來思考前面的問題。

合計點數為9的（1，2，6）這個組合之中除了（1，2，6）以外，還有（1，6，2）、（2，1，6）、（2，6，1）、（6，1，2）、（6，2，1）等不同的排列，總共有六種。至於（3，3，3）的組合就只有一種排列。像這樣進行區別後可以得知，合計點數為9共有25種排列，合計點數為10共有27種排列。換句話說，10比較容易出現。

這就是「排列」與「組合」的不同。**以出現1、2、6這三個數字為例，排列會考慮到這三個數字的順序**。但組合則不考慮順序。因此在計算機率時必須謹慎判斷，視狀況決定要使用排列還是組合。

三顆骰子的點數合計為10有27種可能

下方是三顆骰子的點數合計為10的狀況。上半部是三顆骰子不做區別，共有六種「組合」。下半部則是將三顆骰子做出區別，總共會有27種「排列」。因此賭徒根據經驗法則認為10比9更容易出現是正確的。

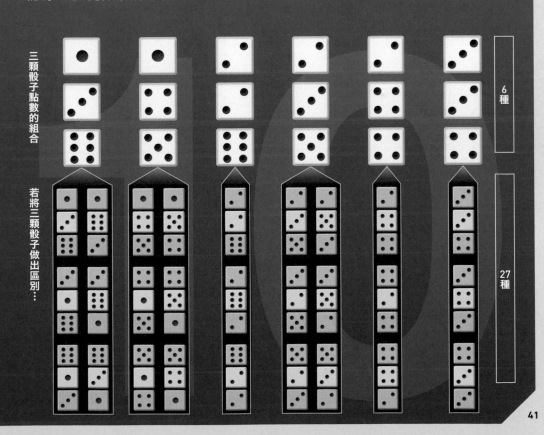

三顆骰子點數的組合

若將三顆骰子做出區別…

6種

27種

所有可能狀況
有辦法用數的嗎？

該使用「樹狀圖」還是用算的？

假設你要下注擲三顆骰子的賭局，是賭「沒有一顆骰子擲出3」還是「有一顆骰子會擲出3」比較有利？

能夠解答這個問題的**其中一種方法是畫「樹狀圖」（dendrogram）確認排列的數量**。下方的圖是三顆骰子中的第一顆點數為「1」時，剩下兩顆骰子的點數排列的樹狀圖。同樣畫出第一顆骰子的點數為「2～6」時的樹狀圖，並確

使用樹狀圖列出所有可能的狀況

下方用樹狀圖畫出了擲三顆骰子，當第一顆的點數是1時，剩下兩顆骰子的所有排列。如果還要思考第一顆骰子的點數是2～6的狀況，同樣的圖就要再畫五次。樹狀圖能夠確實列出所有的可能狀況，對於整理思緒非常有幫助，但如果可能的狀況數量很多，將會是浩大的工程。若有方法可以不用畫出所有樹狀圖，通常會比較快。

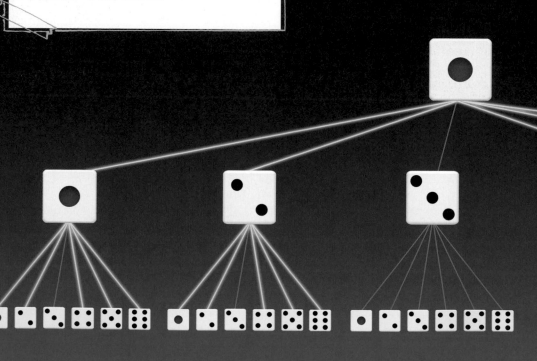

認符合問題所敘述的排列有多少種，就可以知道答案。

但要畫出這麼多樹狀圖其實相當麻煩，因此可以透過數學公式的計算求出答案。

三顆骰子都有可能擲出1～6的點數，因此點數全部共有6×6×6＝216種可能的排列（樣本數）。如果沒有一顆骰子擲出3的話，由於除了3以外有5個點數，因此有5×5×5＝125種可能的排列。如此一來，沒有一顆骰子擲出3的機率便是，$\frac{125}{216}$≒57.9%。依這樣看，下注「沒有一顆骰子擲出3」似乎會比較有利。編註

編註：反過來說，「有一顆骰子會擲出3」的機率＝1-57.9%＝42.1%。如果細分成「只有一顆骰子擲出3」時，比照伽利略將三顆骰子做出區別，共有（5×5）＋（5×5）＋（5×5）＝75種可能的排列；「有二顆骰子擲出3」時，共有5＋5＋5＝15種可能的排列；「三顆骰子都擲出3」時，只有1種可能的排列；因此「有骰子擲出3」的可能排列共有75＋15＋1＝91種，機率為91/216≒42.1%。

從十人之中選出四人負責打掃

使用排列計算選出四人的所有可能
以及排除特定對象挑選時有多少種可能

如果為了決定負責打掃的人選，採用抽籤的方式從十個人中選出四個。這時候，你自己和朋友Ａ不會被抽到的機率是多少？

首先要計算所有可能發生的排列有多少種。選第一個人時有十種可能，選第二個人時扣掉已經被選出的第一個人，因此有九種。同樣的道理，第三個人是八種，第四個人是七種。換句話說，可能發生的排列有 $10 \times 9 \times 8 \times 7 = 5040$ 種。

接下來則是看自己和朋友Ａ不會被選到的排列有多少種。選第一個人時扣除自己和朋友Ａ，有八個人可選。選第二個人時則是扣掉自己、朋友Ａ及已被選出的第一個人，有七種可能。同樣的道理，第三個人是六種，第四個人是五種，共有 $8 \times 7 \times 6 \times 5 = 1680$ 種可能的排列。因此自己和朋友Ａ不會被選

到的機率是 $\frac{1680}{5040} = \frac{1}{3}$。看來想逃過打掃似乎沒有那麼簡單。

像這樣從 n 個數量中選出 r 個並排出順序時，所有可能的排列可以用「$n\mathbf{P}r$」表示，求出 $n\mathbf{P}r$ 的公式為 $n\mathbf{P}r = \frac{n!}{(n-r)!}$。「!」是階乘的符號，$n!$ 代表從 1 到 n 的所有數字相乘。那麼從十人中選出四人的排列便是 $_{10}\mathbf{P}_4$ $= \frac{10 \times 9 \times 8 \times 7 \times 6 \times 5 \times 4 \times 3 \times 2 \times 1}{6 \times 5 \times 4 \times 3 \times 2 \times 1}$ $= 5040$ 種。^{編註}

另外，所有可能的組合則是用「$n\mathbf{C}r$」表示。求出 $n\mathbf{C}r$ 的公式為 $n\mathbf{C}r = \frac{n\mathbf{P}r}{r!} = \frac{n!}{r!\,(n-r)!}$。不考慮順序，從十人中選出四人的組合共有 $_{10}\mathbf{C}_4 = \frac{10 \times 9 \times 8 \times 7}{4 \times 3 \times 2 \times 1} = 210$ 種。

懂得運用這些公式的話，就能迅速求出排列或組合的數量。

編註：可簡化 $n\mathbf{P}r = n!/(n-r)! = 10 \times 9 \times 8 \times 7 \times 6 \times 5 \times 4 \times 3 \times 2 \times 1/6 \times 5 \times 4 \times 3 \times 2 \times 1 = 10 \times 9 \times 8 \times 7 = n(n-1)(n-2) \cdots\cdots (n-r+2)(n-r+1)$，其中 $0 \le r \le n$。

排列與組合的公式

從 n 個中選出 r 個的排列

$$_n\mathbf{P}_r = \frac{n!}{(n-r)!}$$

從 n 個中選出 r 個的組合

$$_n\mathbf{C}_r = \frac{_n\mathbf{P}_r}{r!} = \frac{n!}{r!\,(n-r)!}$$

會有多少個
長方形？

假設用35片長方形的磁磚，以橫的一列七片、直的一行五片的方式拼成一個大長方形（右頁上方的圖），此時大長方形裡的磁磚可以拼出多少種長方形？

這其實也是排列組合的問題。你可能會納悶為什麼，但這個問題可改寫成下面這樣：

「使用八條直線中的兩條與六條橫線中的兩條，可以組合出多少種長方形？」

這可以用第42～43頁介紹過的組合來計算。若從八條直線中選出兩條，第一條線有八個選擇，第二條線則是七個選擇，兩條線不用區分先後順序，因此有 $\frac{8\times7}{2}=28$ 種組合。寫成組合公式則是 $_8C_2=\frac{_8P_2}{2!}=\frac{8!}{2!(8-2)!}=28$ 種。

至於從六條橫線中選出兩條，第一條線有六個選擇，第二條線則是五個選擇，兩條線不用區分先後順序，因此用和直線相同的方式計算，可以算出 $\frac{6\times5}{2}=15$ 種組合。寫成組合公式為 $_6C_2=\frac{_6P_2}{2!}=\frac{6!}{2!(6-2)!}=15$ 種。

這35片磁磚可以拼出的長方形，便等於直線的28種組合與橫線的15種組合圍成的長方形數量，也就是 $28\times15=420$ 種。

小長方形可以拼出多少種長方形？

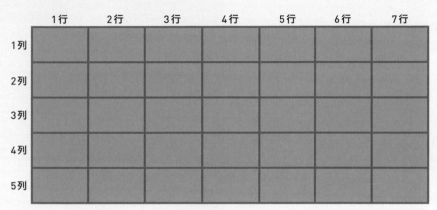

	1行	2行	3行	4行	5行	6行	7行
1列							
2列							
3列							
4列							
5列							

共 35 個小長方形

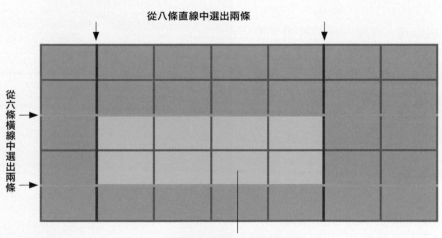

從八條直線中選出兩條

從六條橫線中選出兩條

直線與橫線圍成的長方形

怎樣分配賭注才公平？

正統的機率論同樣是從探討賭博開始的

17 世紀一名貴族為了賭博產生的問題向法國著名學者帕斯卡（Blaise Pascal，1623～1662）尋求協助。帕斯卡與著名數學家費馬透過書信往來交換意見，解決了這個問題。

貴族的問題是，「A和B進行了先贏三場就得勝的賭局，若賭局在A贏兩場，B贏一場的狀況下中止，要如何分配賭注才公平？」

帕斯卡與費馬對第四場及後續的比賽進行了假設。 A在第四場比賽獲勝的機率為 $\frac{1}{2}$；至於B贏得第四場比賽，A贏得第五場比賽的機率則是 $\frac{1}{2} \times \frac{1}{2} = \frac{1}{4}$。因此A先贏得三場比賽的機率是兩者相加，也就是 $\frac{1}{2} + \frac{1}{4} = \frac{3}{4}$。而B只有在第四場、第五場比賽全都獲勝的狀況下才能先贏得三勝，機率是 $\frac{1}{2} \times \frac{1}{2} = \frac{1}{4}$。因此賭注應該以3：1的比例分配。

編註：費馬在希臘數學家丟番圖（Diophantus）的《算術》（*Arithmetica*）書中的空白處寫下：「$xn+yn=zn$，當 $n>2$ 時無正整數解……我發現了一個極為美妙的證明，可是空白處太小所以沒寫下來。」此一陳述直到1994年發現證明方法時才被稱為「費馬最後定理」。

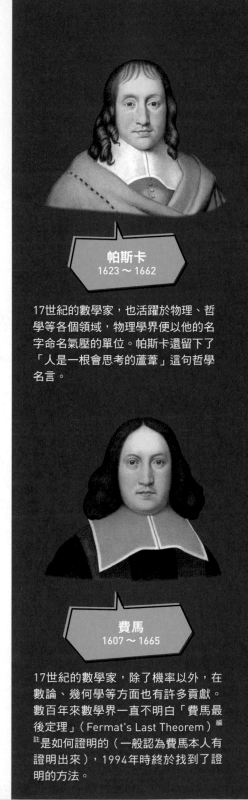

帕斯卡
1623 ～ 1662

17世紀的數學家，也活躍於物理、哲學等各個領域，物理學界便以他的名字命名氣壓的單位。帕斯卡還留下了「人是一根會思考的蘆葦」這句哲學名言。

費馬
1607 ～ 1665

17世紀的數學家，除了機率以外，在數論、幾何學等方面也有許多貢獻。數百年來數學界一直不明白「費馬最後定理」（Fermat's Last Theorem）編註是如何證明的（一般認為費馬本人有證明出來），1994年時終於找到了證明的方法。

乘法原理與加法原理

擲骰子一次、兩次這類不會對彼此的機率造成影響的事件（獨立事件）連續發生的機率，可以透過將每一個事件發生的機率相乘求出來，稱為「乘法原理」（multiplication principle）。

　　至於彼此不會同時發生的事件（互斥事件）其中一方發生的機率，可以透過單純將每個事件的機率相加求出來，稱為「加法原理」（addition principle）。

假想第四場比賽以後的輸贏

白色圓圈代表A贏得比賽，黑色圓圈代表B贏得比賽，假設每場比賽A、B皆有$\frac{1}{2}$的機率獲勝。若賭局從第四場比賽繼續進行下去，A先取得三勝的機率是$\frac{3}{4}$，B先取得三勝的機率則是$\frac{1}{4}$因此A較B有相當於三倍的優勢贏得賭局。

A贏得第四場的機率 $\frac{1}{2}$　　　　$\frac{1}{2}$ B贏得第四場的機率

第四場

A贏得第五場的機率 $\frac{1}{2}$　　　　$\frac{1}{2}$ B贏得第五場的機率

第五場

在第四場分出勝負，A贏得賭局的機率 $\frac{1}{2}$

在第五場分出勝負，A贏得賭局的機率 $\frac{1}{4}$

在第五場分出勝負，B贏得賭局的機率 $\frac{1}{4}$

$\frac{1}{2} + \frac{1}{4}$ ----- $\frac{3}{4}$ 綜合第四場、第五場可能的結果，A贏得賭局的機率

$\frac{1}{4}$ 綜合第四場、第五場可能的結果，B贏得賭局的機率

計算更複雜一點的機率問題

雖然問題變複雜，但觀念不變

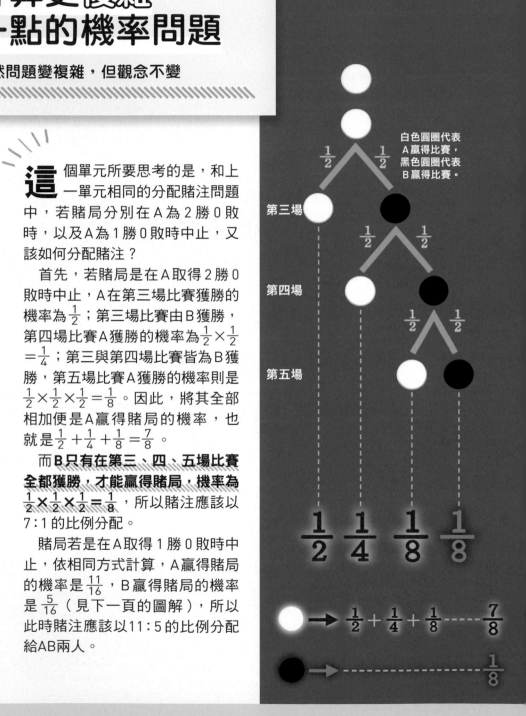

白色圓圈代表
A贏得比賽，
黑色圓圈代表
B贏得比賽。

第三場

第四場

第五場

$$\frac{1}{2} \quad \frac{1}{4} \quad \frac{1}{8} \quad \frac{1}{8}$$

$$\frac{1}{2} + \frac{1}{4} + \frac{1}{8} ----- \frac{7}{8}$$

$$----- \frac{1}{8}$$

這個單元所要思考的是，和上一單元相同的分配賭注問題中，若賭局分別在 A 為 2 勝 0 敗時，以及 A 為 1 勝 0 敗時中止，又該如何分配賭注？

首先，若賭局是在 A 取得 2 勝 0 敗時中止，A 在第三場比賽獲勝的機率為 $\frac{1}{2}$；第三場比賽由 B 獲勝，第四場比賽 A 獲勝的機率為 $\frac{1}{2} \times \frac{1}{2} = \frac{1}{4}$；第三與第四場比賽皆為 B 獲勝，第五場比賽 A 獲勝的機率則是 $\frac{1}{2} \times \frac{1}{2} \times \frac{1}{2} = \frac{1}{8}$。因此，將其全部相加便是 A 贏得賭局的機率，也就是 $\frac{1}{2} + \frac{1}{4} + \frac{1}{8} = \frac{7}{8}$。

而**B 只有在第三、四、五場比賽全都獲勝，才能贏得賭局，機率為** $\frac{1}{2} \times \frac{1}{2} \times \frac{1}{2} = \frac{1}{8}$，所以賭注應該以 7：1 的比例分配。

賭局若是在 A 取得 1 勝 0 敗時中止，依相同方式計算，A 贏得賭局的機率是 $\frac{11}{16}$，B 贏得賭局的機率是 $\frac{5}{16}$（見下一頁的圖解），所以此時賭注應該以 11：5 的比例分配給 AB 兩人。

若賭局在A取得2勝0敗時中止（左頁下圖）

計算實際上沒有發生的第三、第四、第五場比賽若有進行，A、B贏得賭局的機率。結果是A為 $\frac{7}{8}$，B為 $\frac{1}{8}$，因此應該以7：1的比例分配賭注才公平。

若賭局在A取得1勝0敗時中止（下圖）

計算實際上沒有發生的第二場以後的比賽若有進行，A、B贏得賭局的機率。結果是A為 $\frac{11}{16}$，B為 $\frac{5}{16}$，因此應該以11：5的比例分配賭注才公平。

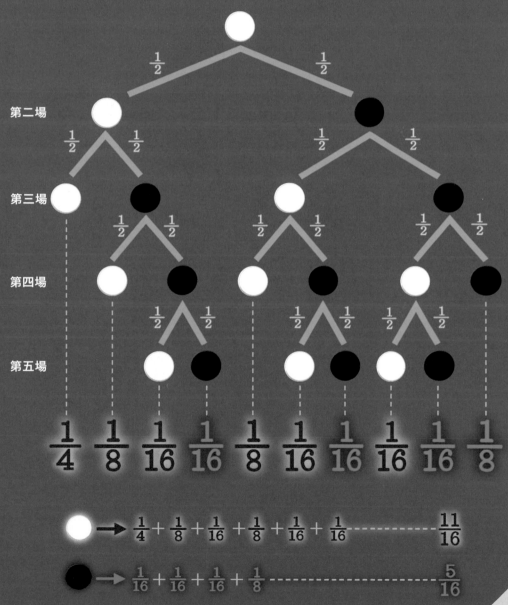

第二場

第三場

第四場

第五場

$$\frac{1}{4} \quad \frac{1}{8} \quad \frac{1}{16} \quad \frac{1}{16} \quad \frac{1}{8} \quad \frac{1}{16} \quad \frac{1}{16} \quad \frac{1}{16} \quad \frac{1}{16} \quad \frac{1}{8}$$

○ → $\frac{1}{4} + \frac{1}{8} + \frac{1}{16} + \frac{1}{8} + \frac{1}{16} + \frac{1}{16}$ ------- $\frac{11}{16}$

● → $\frac{1}{16} + \frac{1}{16} + \frac{1}{16} + \frac{1}{8}$ ------- $\frac{5}{16}$

抽籤在第幾個抽比較有利？

先抽或後抽的機率都是一樣的

假設扭蛋機裡放了100個扭蛋，只有一個是中獎的扭蛋，其餘都是沒有中獎。100個人依序各抽一次的話，是先抽的人比較有利，還是後抽的人？

其實，**不管第幾個人抽，抽到中獎扭蛋的機率都一樣是 $\frac{1}{100}$。這叫作「抽籤原理」。**

由於100個扭蛋中只有一個中獎的扭蛋，所以第一個人抽中的機率是 $\frac{1}{100}$。至於第二個人抽中的機率是「第一個人抽到100個之中99個沒中獎的扭蛋，他再從剩下99個扭蛋中抽到中獎的扭蛋」的機率，因此是 $\frac{99}{100} \times \frac{1}{99} = \frac{1}{100}$，這裡所使用的是乘法原理。第三個人抽到中獎扭蛋的機率則是 $\frac{99}{100} \times \frac{98}{99} \times \frac{1}{98} = \frac{1}{100}$。像這樣一直算下去的話就會知道，無論第幾個人抽，抽到中獎扭蛋的機率都是 $\frac{1}{100}$。

用乘法原理計算
抽到中獎扭蛋的機率

假設發生 A 的機率（例如第一個人沒有中獎的機率）是 a，發生 B 的機率（例如第二個人抽到中獎扭蛋的機率）是 b，此時 A 與 B 皆發生的機率（第一個人沒有中獎，且第二個人中獎的機率）可以用 a 與 b 相乘求出來[編註]（在這個例子裡是 $\frac{99}{100} \times \frac{1}{99} = \frac{1}{100}$）。這稱為乘法原理。

編註：「A 與 B 皆發生」的積事件以乘法計算機率 $P(A \cap B) = P(A) \times P(B)$，請參見第30頁。

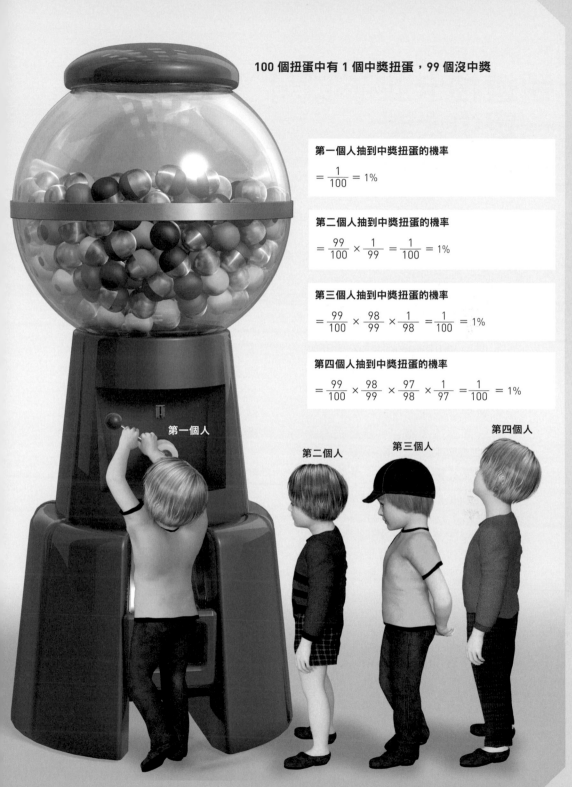

100 個扭蛋中有 1 個中獎扭蛋，99 個沒中獎

第一個人抽到中獎扭蛋的機率

$$= \frac{1}{100} = 1\%$$

第二個人抽到中獎扭蛋的機率

$$= \frac{99}{100} \times \frac{1}{99} = \frac{1}{100} = 1\%$$

第三個人抽到中獎扭蛋的機率

$$= \frac{99}{100} \times \frac{98}{99} \times \frac{1}{98} = \frac{1}{100} = 1\%$$

第四個人抽到中獎扭蛋的機率

$$= \frac{99}{100} \times \frac{98}{99} \times \frac{97}{98} \times \frac{1}{97} = \frac{1}{100} = 1\%$$

第一個人

第二個人

第三個人

第四個人

手遊抽卡並不保證一定中大獎

不管抽多少次卡片都不會變少

手機遊戲中有一種俗稱「抽卡」的抽獎機制。如果手遊抽卡中大獎（抽中稀有卡）的機率是1%（＝$\frac{1}{100}$），是否和第52～53頁提到的轉扭蛋一樣，100次裡面一定會有一次中大獎呢？

答案是「不會」。**這是因為手遊抽卡和轉扭蛋不一樣，就算抽了卡（轉了扭蛋），卡片也不會變少，所以中大獎的機率不會改變。**

抽一次沒有中的機率是$\frac{99}{100}$，因此抽100次都沒有中的機率為$\left(\frac{99}{100}\right)^{100}≒0.366$。換句話說，約有36.6%的機率抽卡100次也抽不到大獎。

反過來說，100次中至少抽中一次的機率又是多少呢？用第26～27頁介紹過的餘事件來思考的話，至少抽中一次大獎的機率為1－0.366＝0.634。也就是**中大獎機率為1%的手遊抽卡就算抽100次，能抽到稀有卡的機率也只有63.4%。而且不管抽卡次數增加到多少次，中大獎的機率都不會是1（＝100%）。** 編註

編註：以前的手遊抽卡很少公開抽中機率，最近越來越多業者公開抽中機率，但除非開發者做出改變，否則手遊抽卡的抽中機率總是恆定的。

手遊的抽卡次數與至少有一次中大獎的機率（藍色部分）關係圖

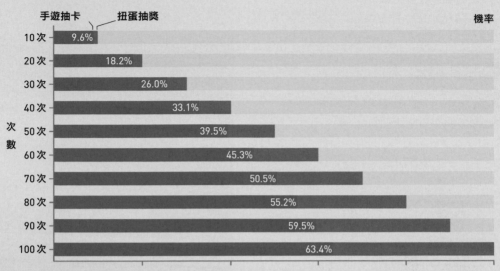

上圖比較了第52～53頁介紹的扭蛋中獎機率（粉紅色部分）與手遊抽卡中大獎的機率（藍色部分）。

很容易抽中的普通卡

抽中機率1%的
稀有卡

應屆考上大學的機率是？

用「餘事件」來思考可以簡化計算

假設有一名考生報考了六所大學。如果六所大學的錄取率分別是30％、30％、20％、20％、10％、10％的話，這名考生至少考上一間大學的機率是多少？

用「餘事件」來思考這個問題，能讓計算單純許多。餘事件是指「聚焦於某一事件時，除了這個事件以外的所有事件」。例如，「至少考上一間大學」就是「所有大學都沒考上」的餘事件。**在這個問題中，只要用代表整體機率的1（＝100％）減去所有大學都沒考上的機率，就能算出餘事件的機率。**

所有大學都沒考上的機率可以透過將每所大學的落榜機率全部相乘求出來，大約是25.4％（插圖左側部分）。因此餘事件「至少考上一所大學」的機率便是100％－約25.4％＝約74.6％。

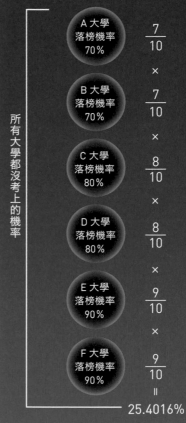

利用餘事件計算

所有大學都沒考上的機率

A 大學 落榜機率 70％　$\dfrac{7}{10}$

×

B 大學 落榜機率 70％　$\dfrac{7}{10}$

×

C 大學 落榜機率 80％　$\dfrac{8}{10}$

×

D 大學 落榜機率 80％　$\dfrac{8}{10}$

×

E 大學 落榜機率 90％　$\dfrac{9}{10}$

×

F 大學 落榜機率 90％　$\dfrac{9}{10}$

＝

25.4016％

至少考上一所大學的機率
＝整體機率（100％）－所有大學都沒考上的機率

$\underline{100\%} - \underline{25.4016\%} = \underline{74.5984\%}$

細分每種狀況進行計算

從這個題目可以知道，雖然每所大學分開來看錄取率都不高，但只要多報考幾所，錄取其中一所的機率就會提升不少。

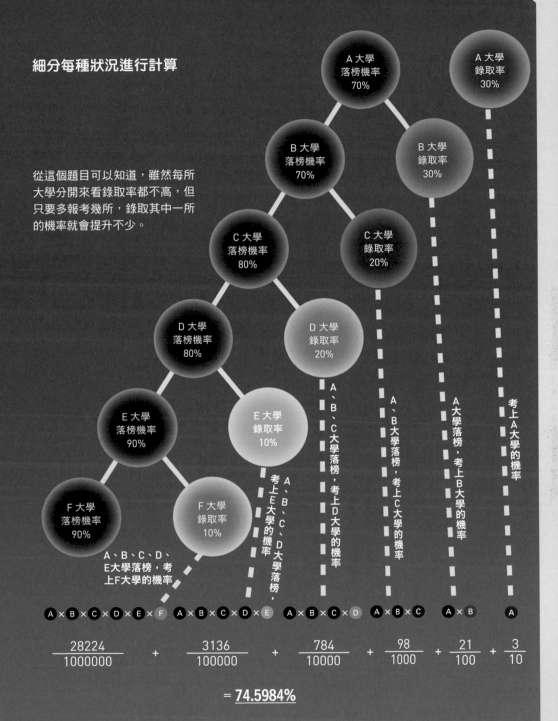

$$\frac{28224}{1000000} + \frac{3136}{100000} + \frac{784}{10000} + \frac{98}{1000} + \frac{21}{100} + \frac{3}{10}$$

$$= \underline{74.5984\%}$$

……但是這個方法的計算十分繁瑣

進一步探討 骰子問題①

將兩顆骰子點數的大小關係
做成表格幫助理解

這 個單元要請你思考擲骰子的問題。

《問題1》

擲紅色與藍色兩顆骰子，以下問題的答案為何？

【1】紅色與藍色骰子的點數相等的機率 p 是多少？

【2】藍色骰子的點數比紅色骰子大的機率 q 是多少？

【3】紅色骰子的點數比藍色骰子大的機率 r 是多少？

【4】$p+q+r$ 是多少？

像右邊一樣做成表格的話，就能輕鬆解出這些問題。 從表格可以得知，擲兩顆骰子時，全事件的樣本數 $|\Omega|$，$|\Omega|=6×6=36$ 個。【1】問的是紅色與藍色骰子點數相等的事件，也就是 {（1，1），（2，2），（3，3），（4，4），（5，5），（6，6）}，因此題目所問的機率 $p=\dfrac{6}{36}=\dfrac{1}{6}$（表格中■的格子）。

【2】問的是藍色骰子的點數比紅色骰子大的事件，也就是 {（1，2），（1，3），（1，4），（1，5），（1，6），（2，3），（2，4），（2，5），（2，6），（3，4），（3，5），（3，6），（4，5），（4，6），（5，6）}，因此題目所問的機率，$q=\dfrac{15}{36}=\dfrac{5}{12}$（表格中□的格子）。

【3】與【2】是相同的概念，由此可知 $r=\dfrac{5}{12}$（表格中□的格子）。

綜合以上結果，便可以算出【4】所問的 $p+q+r=1$。擲 2 顆骰子得到的結果一定會是事件【1】、【2】、【3】的其中之一，【4】是這三者的總和，答案自然便是 1，相信讀者應該可以很直覺地理解這一點。

紅色與藍色骰子的點數關係（大小關係）

表格中以顏色區分擲紅色與藍色兩顆骰子時，彼此的點數大小關係。

藍 紅	1	2	3	4	5	6
1	(1, 1)	(1, 2)	(1, 3)	(1, 4)	(1, 5)	(1, 6)
2	(2, 1)	(2, 2)	(2, 3)	(2, 4)	(2, 5)	(2, 6)
3	(3, 1)	(3, 2)	(3, 3)	(3, 4)	(3, 5)	(3, 6)
4	(4, 1)	(4, 2)	(4, 3)	(4, 4)	(4, 5)	(4, 6)
5	(5, 1)	(5, 2)	(5, 3)	(5, 4)	(5, 5)	(5, 6)
6	(6, 1)	(6, 2)	(6, 3)	(6, 4)	(6, 5)	(6, 6)

■ 紅色與藍色骰子的點數相等的事件　　□ 藍色骰子的點數比紅色骰子大的事件　　□ 紅色骰子的點數比藍色骰子大的事件

進一步探討
骰子問題②

將兩顆骰子的最大點數
做成表格幫助理解

這個單元要思考另一個關於骰子的問題。

《問題2》

擲紅色與藍色兩顆骰子，以下問題的答案為何？

【1】 兩顆骰子擲出的最大點數為「2」的機率 p 是多少？

【2】 兩顆骰子擲出的最大點數為「3」的機率 q 是多少？

【3】 兩顆骰子擲出的最大點數為「n」的機率 r 是多少？$n=1,2,\cdots,6$。

　　這個問題也一樣，只要整理出類似右邊的表格，就能輕鬆解出來。擲兩顆骰子時，全事件的樣本數 $|\Omega|=6\times6=36$ 個。

　　【1】所問的兩顆骰子擲出的最大點數為2的事件是 {（2，1），（2，2），（1，2）}，因此機率為，$p=\dfrac{3}{36}=\dfrac{1}{12}$（表格中□的格子）。

　　同樣地，【2】所問的兩顆骰子擲出的最大點數為3的事件是 {（3，1），（3，2），（3，3），（2，3），（1，3）}，因此機率為 $q=\dfrac{5}{36}$（表格中□的格子）。

　　以相同的概念思考【3】，兩顆骰子擲出的最大點數為 n 的事件是 {（n，1），（n，2），…，（n，n），（$n-1$，n），（$n-2$，n），…，（2，n），（1，n）}。雖然可能比較不好理解，但此樣本數為 $2n-1$ 個編註，因此機率 $r=\dfrac{2n-1}{36}$。

　　將 $n=2$、3分別代入這個式子，算出來的機率也會與【2】、【3】得到的答案相同。

編註：【3】「擲出的最大點數為 n」的事件從（n，1）起算漸增到（n，n），再漸減到（1，n），除了最高樣本點的（n，n）之外，其餘樣本點（事件）均為紅藍順序相反的兩兩對稱，因此若將紅藍順序相反的（n，n）也計入，則所有對稱的樣本點（事件）共有 $2n$ 個，但紅藍順序相反的（n，n）在「兩顆骰子擲出的最大點數為 n」的計算中只能計為1次，因此總樣本數為 $2n$-1 個。

紅色與藍色骰子的點數關係（最大點數）

表格中以不同顏色區分擲出的最大點數分別為1～6時，紅色與藍色骰子可能的狀況。

紅＼藍	1	2	3	4	5	6
1	(1，1)	(1，2)	(1，3)	(1，4)	(1，5)	(1，6)
2	(2，1)	(2，2)	(2，3)	(2，4)	(2，5)	(2，6)
3	(3，1)	(3，2)	(3，3)	(3，4)	(3，5)	(3，6)
4	(4，1)	(4，2)	(4，3)	(4，4)	(4，5)	(4，6)
5	(5，1)	(5，2)	(5，3)	(5，4)	(5，5)	(5，6)
6	(6，1)	(6，2)	(6，3)	(6，4)	(6，5)	(6，6)

□ 兩顆骰子的最大點數為「1」的事件

□ 兩顆骰子的最大點數為「2」的事件

□ 兩顆骰子的最大點數為「3」的事件

□ 兩顆骰子的最大點數為「4」的事件

□ 兩顆骰子的最大點數為「5」的事件

□ 兩顆骰子的最大點數為「6」的事件

不會同時發生的事件如何計算機率

擲硬幣時不會同時擲出正面與反面

這個單元要探討的是「不會同時發生的事件」。

以擲硬幣為例,「擲出正面」的事件 A 與「擲出反面」的事件 B 不會同時發生。

A＝擲出正面＝{ 正 }

B＝擲出反面＝{ 反 }

像這樣事件 A 與事件 B 沒有共通部分時,也就是

$A \cap B = \phi$ (ϕ 代表空集合)

只要其中一方發生,另一方就不會發生的話,事件A與事件B就稱為「互斥事件」。

一般而言,當事件 A 與事件 B 為互斥事件時,A 或 B 發生的機率 ($A \cup B$) 為

$P(A \cup B) = P(A) + P(B)$

這種關係稱為「加法原理」。

事件 A 與事件 B 為互斥事件時,A 的樣本數 $|A|$ 與 B 的樣本數 $|B|$ 相加會與 $A \cup B$ 的樣本數 $|A \cup B|$ 相等。寫成公式便是

$|A \cup B| = |A| + |B|$

右邊的圖1說明了這種關係。

如果式子的兩邊皆除以全事件的樣本數 $|\Omega|$

$$\frac{|A \cup B|}{|\Omega|} = \frac{|A|}{|\Omega|} + \frac{|B|}{|\Omega|}$$

再將第28～29頁介紹的機率定義 $P(A) = \frac{|A|}{|\Omega|}$ 套用在此,便會得到

$P(A \cup B) = P(A) + P(B)$

下一單元會以具體的例子做說明。

圖1

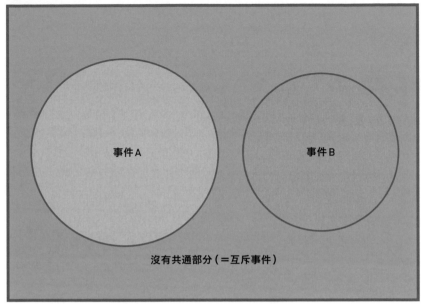

當事件A與事件B沒有共通部分（兩者為互斥事件）時，
$|A \cup B| = |A| + |B|$ 成立。

圖2

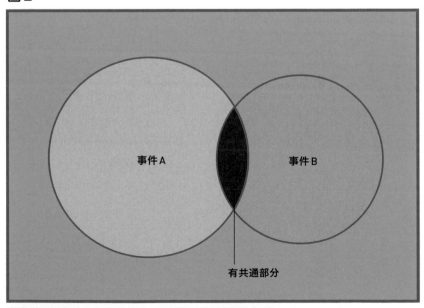

當事件A與事件B有共通部分（兩者不是互斥事件）時，
$|A \cup B| = |A| + |B| - |A \cap B|$ 成立（詳細說明見下一單元）。

運用「加法原理」計算機率

即使不是互斥事件
也能輕鬆計算出機率

以下的問題與擲一顆骰子時的事件A、B有關。

A＝擲出奇數點＝$\{1, 3, 5\}$

B＝擲出4以上的偶數點

$\quad = \{4, 6\}$

由於「奇數點」和「4以上的偶數點」不會同時發生，符合$A \cap B = \phi$，因此事件A、B為互斥事件。而這兩者的發生機率則是$P(A) = \frac{3}{6}$，$P(B) = \frac{2}{6}$。

至於$A \cup B$則代表「擲出奇數點或4以上的偶數點的事件」，因此

$A \cup B = \{1, 3, 4, 5, 6\}$

$P(A \cup B) = \frac{5}{6}$。

根據上述說明可得知，以下的算式，也就是加法原理成立。

$$P(A \cup B) = \frac{5}{6}$$
$$= \frac{3}{6} + \frac{2}{6}$$
$$= P(A) + P(B)$$

如果將事件A與事件B不是互斥事件的狀況也考慮進來，則會成立以下關係。

$|A \cup B| = |A| + |B| - |A \cap B|$

透過第63頁的圖2也可以明確了解這種關係。

若式子的兩邊都除以$|\Omega|$，根據機率的定義，可得到以下的關係式

$$P(A \cup B) = P(A) + P(B)$$
$$- P(A \cap B)$$
$$\cdots\cdots①$$

這種關係稱為「取捨原理」（principle of inclusion and exclusion又稱為排容原理）。右邊的題目便可透過這個公式計算出來。

問題

某個班級有70%的人訂閱A報紙，35%的人訂閱B報紙，20%的人兩份報紙都有訂閱。此時班上的某一人有訂閱報紙的機率（至少有訂閱A報紙或B報紙其中之一的機率）是多少？

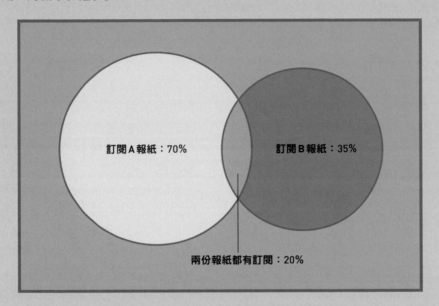

解答

假設班上某一人訂閱A報紙的機率是$P(A)$，訂閱B報紙的機率是$P(B)$，兩者皆有訂閱的機率為$P(A \cap B)$的話，可以寫成

$$P(A) = 0.7, \quad P(B) = 0.35, \quad P(A \cap B) = 0.2$$

因此班上的某一人有訂閱報紙的機率$P(A \cup B)$便可透過第64頁的公式①計算出來。

$$
\begin{aligned}
P(A \cup B) &= P(A) + P(B) - P(A \cap B) \\
&= 0.7 + 0.35 - 0.2 \\
&= \mathbf{0.85}
\end{aligned}
$$

由此可知，班上的某一人有訂閱報紙的機率是85%。

兩個人一起出牌時完全不會出到相同點數的機率

假設A與B兩人手上各有從A（1）到K（13）的13張撲克牌，洗牌之後2人同時各出一張牌，到出完手上13張牌為止，兩個人出的牌點數都不曾相同的機率是多少？

法國數學家德蒙莫爾（Pierre Remond de Montmort，1678～1719）曾在1708年的著作中探討這個問題，稱之為「相遇問題」（Problême de rencontre），後來也有人稱之為「十三問題」（Problême du treize）或「錯排問題」。編註

這是一個非常困難的問題，曾令許多數學家苦惱不已。後來，著名的數學家尤拉（Leonhard Euler，1707～1783）在1740年前後解出了這個問題。

在上述所提13張撲克牌的問題中，A的出牌順序總共有13！＝13×12×11×……×3×2×1

＝62億2702萬800種可能。此時要思考的是，每一次出的牌與B出的牌點數全都不相同的所有可能狀況。這種數字以德蒙莫爾命名，被稱為「德蒙莫爾數」（Montmort number）。13張撲克牌問題的德蒙莫爾數是22億9079萬2932。用這個數字除以13！便可知道出牌完全不會出到相同點數的機率約為37%。

其實，**牌的數量超過五張以後，不管增加到多少張，完全不會出到相同點數的機率都是大約37%**。（參見第69頁）

編註：錯位排列（derangement又譯為亂序排列）是指若一個排列中所有的元素都不在自己原來的位置上，那麼這樣的排列就稱為原排列的一個錯排。n個元素的錯排數（德蒙莫爾數）記為D_n或$!n$。德蒙莫爾數列請參見第69頁。

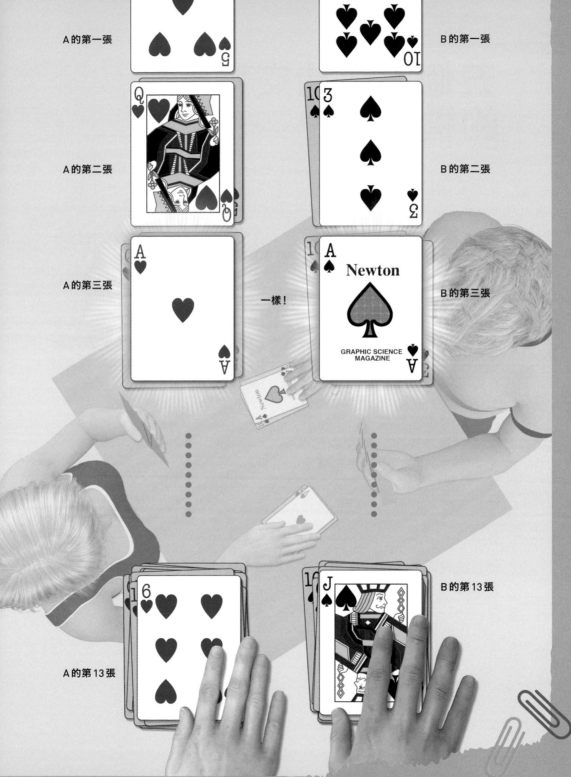

A 的第一張

B 的第一張

A 的第二張

B 的第二張

A 的第三張

一樣！

B 的第三張

Newton

GRAPHIC SCIENCE MAGAZINE

B 的第 13 張

A 的第 13 張

Coffee Break

五個人成功交換禮物的機率

將五個人準備好的禮物混在一起後再抽籤分給這五人,能夠成功交換禮物(沒有人拿到自己準備的禮物)的機率是多少?

這個問題也是德蒙莫爾「相遇問題」的一種,可以用德蒙莫爾數算出來。如果在 n 張卡片上分別寫上 1 至 n 的數字然後排列卡片,要讓每張卡片的排列順序都與卡片寫上的數字不同(寫上 5 的卡片不會排在第五張),共有 C_n(也記為 $!n$)種排列方式,此時 C_n 可以用

$$C_n = n! (1 - \frac{1}{1!} + \frac{1}{2!} - \frac{1}{3!} + \cdots \cdots + (-1)^n \frac{1}{n!})$$

的公式表示,這個 C_n 便是德蒙莫爾數。

開頭提到的五個人交換禮物問題,$C_5 = 44$,再除以 5!(= 120)便可以算出成功交換禮物的機率約為37%。

反過來說,就是大約有63%的機率會有人拿到自己準備的禮物。神奇的是,不管人數增加到多少,這個機率都幾乎不會變。

什麼是德蒙莫爾數？

在德蒙莫爾的「相遇問題」中，將C_n除以$n!$得到的數字便是問題所問的機率。下方表格列出了n從1至16所對應的值。

n	$n!$	德蒙莫爾數 C_n	$C_n / n!$
1	1	0	0
2	2	1	0.5
3	6	2	0.333…
4	24	9	0.375…
5	120	44	0.366…
6	720	265	0.368…
7	5040	1854	0.367…
8	40320	14833	0.367…
9	362880	133496	0.367…
10	3628800	1334961	0.367…
11	39916800	14684570	0.367…
12	479001600	176214841	0.367…
13	6227020800	2290792932	0.367…
14	87178291200	32071101049	0.367…
15	1307674368000	481066515734	0.367…
16	20922789888000	7697064251745	0.367…

尤拉發現，當n趨近∞（無限大）時，這個機率會趨近於自然對數（natural logarithm）的底，也就是尤拉數（Euler's number）$e = 2.718…$的倒數$\frac{1}{e} = 0.367…$。[編註]換句話說，牌的數量越多的話，這個機率會越接近$0.367…$。

編註：德蒙莫爾數$!n =$〔階乘$n!$/尤拉數e〕，其中$n \geqslant 1$。

3

用機率破解
賭博問題！

賭博是一件令人感到緊張刺激的事，即使別人都輸了，但自己有可能會贏，許多人都是抱著這樣的期待投入賭局的。但仔細計算過機率就會知道，所有賭博都是「不斷賭下去，最終獲勝的終究是莊家」。

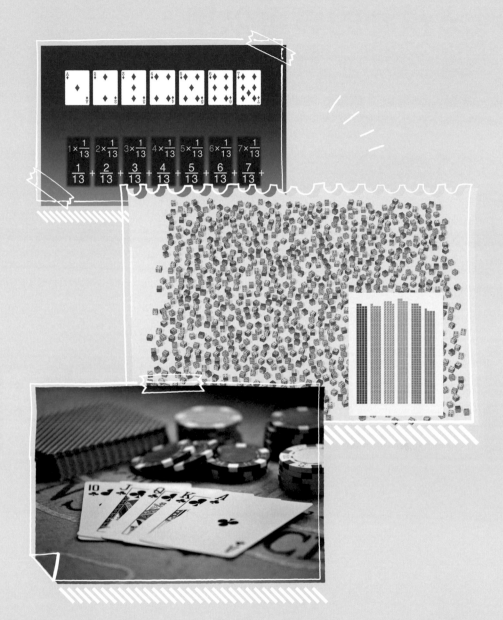

無法預測的事可以用， 「期望值」幫助判斷

抽一張撲克牌可以「期望」抽到幾點？

隨意抽出一張牌

如果每張撲克牌都代表對應的分數，隨意抽出一張牌時得分的期望值可以用機率論計算出來。

點數 1 ～ 13 的牌，牌面的點數即是得到的分數

假設有一個遊戲是從撲克牌的方塊1～13中隨意抽出一張牌，牌面的點數就是你得到的分數，那麼如何預測玩這個遊戲能得到多少分呢？

沒有實際去抽，就不知道會抽到什麼牌，**但還是可以運用機率評估自己的得分**。講得更具體一點，就是每一張牌都進行（該張牌的分數）×（抽到該張牌的機率）的計算，再將所有結果相加。**用這種方**式算出來的數字叫作「**期望值**」，代表在機率上可以期望的數值。

實際進行計算，1分×$\frac{1}{13}$＋2分×$\frac{1}{13}$＋…＋13分×$\frac{1}{13}$＝7，因此期望值是7分。雖然每一次抽牌得到的分數都不盡相同，但不斷玩下去，平均得分會逐漸趨近期望值，也就是7分。

得1分的機率是$\frac{1}{13}$，得2分的機率是$\frac{1}{13}$，得其他分數的機率也都是$\frac{1}{13}$。1分×$\frac{1}{13}$＋2分×$\frac{1}{13}$＋…＋13分×$\frac{1}{13}$＝7，因此以這個規則進行的遊戲期望值便是7。

$$8\times\frac{1}{13} \quad 9\times\frac{1}{13} \quad 10\times\frac{1}{13} \quad 11\times\frac{1}{13} \quad 12\times\frac{1}{13} \quad 13\times\frac{1}{13}$$

期望值

$$\frac{8}{13}+\frac{9}{13}+\frac{10}{13}+\frac{11}{13}+\frac{12}{13}+\frac{13}{13} = 7$$

就算規則變複雜了，還是能計算期望值

**無論規則怎麼改，
期望值皆為「分數×機率」的總和**

就算規則變複雜了，期望值的觀念還是不變

假設變更規則，改為有四張 1，2～13各一張，共16張牌。抽到 1 得15分，抽到2～9 的得分與牌面點數相同，抽到10～13則可得10分。

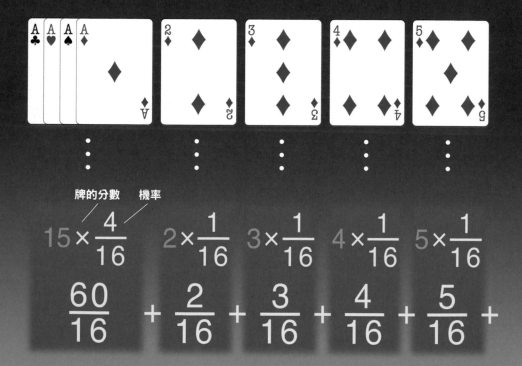

$$15 \times \frac{4}{16} \qquad 2 \times \frac{1}{16} \qquad 3 \times \frac{1}{16} \qquad 4 \times \frac{1}{16} \qquad 5 \times \frac{1}{16}$$

$$\frac{60}{16} + \frac{2}{16} + \frac{3}{16} + \frac{4}{16} + \frac{5}{16} +$$

前 一單元介紹的**遊戲即使規則變複雜了，期望值的算法依舊相同**。例如，除了13張方塊之外，再加上紅心、黑桃、梅花的1，變成總共有16張牌。抽到1得15分，抽到2～9得分比照牌面數字，抽到10～13則可得10分。此時的期望值會是多少？

抽到1可得15分，而抽到1的機率則是 $\frac{4}{16}$，15分×$\frac{4}{16}$＝$\frac{60}{16}$。抽到

2是2分×$\frac{1}{16}$＝$\frac{2}{16}$。10～13則是10分×$\frac{4}{16}$＝$\frac{40}{16}$。所有的牌都用相同方式計算後可得知期望值是9分。

面對無法預測的事物要計算利弊得失時，期望值是不可或缺的指標。下一單元起會以各式各樣的賭博為例，進一步詳細說明如何計算期望值。

點數1的牌有四張，因此得到15分的機率為 $\frac{4}{16}$，若要計算期望值就是15×$\frac{4}{16}$。所有牌都以相同方式計算並相加，便能算出期望值為9。

$$6×\frac{1}{16} \quad 7×\frac{1}{16} \quad 8×\frac{1}{16} \quad 9×\frac{1}{16} \quad 10×\frac{4}{16}$$

期望值

$$\frac{6}{16} + \frac{7}{16} + \frac{8}{16} + \frac{9}{16} + \frac{40}{16} = 9$$

為何賭博會越賭越虧？

不斷賭下去對莊家有利

大數法則

擲20顆骰子的話，點數的分布可能會出現極端的狀況。但如果將骰子的數量增加到100顆、1000顆，隨著骰子數目增加，每個點數的出現機率會逐漸趨近 $\frac{1}{6}$，這就是大數法則。

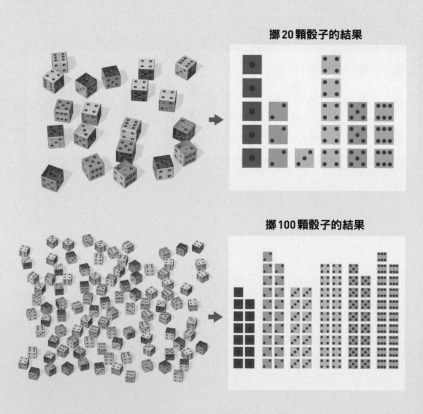

擲 20 顆骰子的結果

擲 100 顆骰子的結果

低中獎率、高回報的賭博如果沒有參與到一定次數的話，實際贏到的金額不會接近期望值。

這個單元要介紹的是「大數法則」。擲骰子時，每個點數出現的機率都是 $\frac{1}{6}$，但在擲的次數不多時，結果不見得會平均分布。擲骰子六次時，每個點數都剛好出現一次反而才是稀奇的事。但**如果一直不斷擲下去，每個點數出現的**機率將會逐漸趨近 $\frac{1}{6}$，這就是「**大數法則**」。

參與賭博的人越多、賭的次數越多，莊家收支的賭注金額就會越遵循「大數法則」。因此莊家的獲利會逐漸趨近透過機率計算出來的金額，越來越不可能虧錢。**換句話說，從機率的觀點來看，賭客是越賭越虧的。**

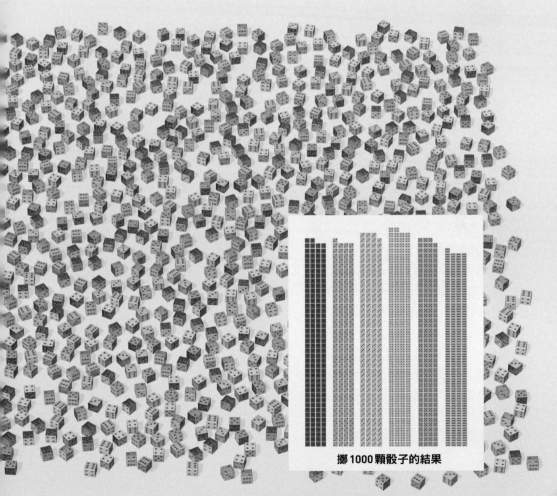

擲 1000 顆骰子的結果

賭輪盤之所以輸錢的原因

因為輪盤是期望值低於100%的賭博

輪盤是賭場裡最多人玩的遊戲之一。美式輪盤的盤面有數字1～36以及「0」、「00」，合計共38格。1～36中有18格為紅色，18格為黑色，0與00則是綠色。賭客預測荷官擲出的球最後會落在哪個格子裡來下注。

其中一種賭法是賭球會落在紅色還是黑色格子裡，猜中的話可以拿回兩倍賭金。

我們可以思考一下此時的期望值。無論是下注紅色或黑色，猜中的機率都是 $\frac{18}{38}$。由於有不是紅色也不是黑色的0與00，因此機率低於五成。猜中時可以拿到兩倍賭金，於是賭金相對的期望值的比例為 $2 \times (\frac{18}{38}) = \frac{36}{38}$（約94.7%）。**因為低於100%，所以平均下來參加這個遊戲一次會虧掉賭金的5.3%。** 其他賭法的期望值比例同樣也低於100%，**因此就整體而言，賭客是輸的。**

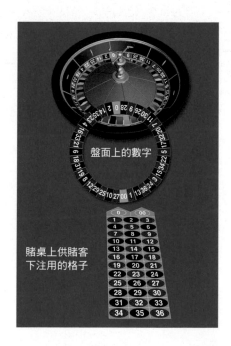

盤面上的數字

賭桌上供賭客下注用的格子

大數法則的威力！

有些幸運的賭客會在賭局中連連獲勝，但在賭博中真正能發揮威力的還是「大數法則」。由於有眾多賭客一次又一次地參與，因此整體平均下來，賭場可以贏得接近原本設定的賭金。

輪盤各種玩法的期望值

賭法	賭法說明	賠率	機率	期望值的計算	期望值（換算百分率）
押紅或黑	賭球會落在紅色或黑色格子	2 倍	$\frac{18}{38}$	$\frac{18}{38} \times 2 = \frac{36}{38}$	**94.7%**
押前半或後半	賭球會落在1～36中的前18格或後18格	2 倍	$\frac{18}{38}$	$\frac{18}{38} \times 2 = \frac{36}{38}$	**94.7%**
押奇數或偶數	賭球會落在奇數還是偶數的格子（0和00不是奇數也不是偶數）	2 倍	$\frac{18}{38}$	$\frac{18}{38} \times 2 = \frac{36}{38}$	**94.7%**
押12個數字（直排）	賭球落在的數字位於賭桌上的哪一直排（有12個數字）	3 倍	$\frac{12}{38}$	$\frac{12}{38} \times 3 = \frac{36}{38}$	**94.7%**
押12個數字（小、中、大）	賭球會落在1～12、13～24或25～36	3 倍	$\frac{12}{38}$	$\frac{12}{38} \times 3 = \frac{36}{38}$	**94.7%**
押6個數字	賭球落在的數字位於賭桌上的哪兩個橫排（一橫排有3個數字）	6 倍	$\frac{6}{38}$	$\frac{6}{38} \times 6 = \frac{36}{38}$	**94.7%**
押5個數字	賭球會落在0、00、1、2、3（押5個數字僅有這個組合）	7 倍	$\frac{5}{38}$	$\frac{5}{38} \times 7 = \frac{35}{38}$	**92.1%**
押4個數字	賭球的落點為賭桌上某4個相鄰數字的其中之一	9 倍	$\frac{4}{38}$	$\frac{4}{38} \times 9 = \frac{36}{38}$	**94.7%**
押3個數字	賭球落在的數字位於賭桌上的哪一橫排（一橫排有3個數字）	12 倍	$\frac{3}{38}$	$\frac{3}{38} \times 12 = \frac{36}{38}$	**94.7%**
押2個數字	賭球會落在賭桌上某2個相鄰數字的其中之一	18 倍	$\frac{2}{38}$	$\frac{2}{38} \times 18 = \frac{36}{38}$	**94.7%**
押1個數字	包括0與00，賭球會落在38個數字中的哪一個	36 倍	$\frac{1}{38}$	$\frac{1}{38} \times 36 = \frac{36}{38}$	**94.7%**

真有所謂的賭運嗎？

在賭局中不斷贏錢的話,我們會很開心自己「有賭運」,輸錢時則會懊惱自己「賭運不好」。「賭運」這種東西真的存在嗎?

　　我們稱之為賭運的東西,其實只是結果的「極端分布」。請回想一下第20～21頁介紹過的擲硬幣1000次的實驗。在那項實驗之中,也曾出現過連續擲出九次正面的狀況。隨機事件所存在的極端分布或許比我們想像的還要多。

　　因此結論就是,事後檢討時可以發現,我們不過是把眼前看到的極端分布當成了賭運降臨。舉例來說,就算在賭局中連連獲勝,也只不過是偶然的結果,只要條件相同,機率本身是不會改變的。**在下一回賭贏的機率仍舊是原本的機率**。由於賭運是無法控制的,因此賭博的期望值如果低於100%的話,趁運氣好贏錢的時候「見好就收」才是上策。

彩券的期望值是多少？

**不管是買「連號」還是「散號」
期望值都一樣**

年終大樂透的獎金與機率

獎別	獎金（日圓）	每單位中的中獎數	機率	獎金×機率
頭獎	7億圓	1	0.00000005	35圓
頭獎前後獎（前一號）	1億5000萬圓	1	0.00000005	7.5圓
頭獎前後獎（後一號）	1億5000萬圓	1	0.00000005	7.5圓
頭獎同號不同組獎	10萬圓	199	0.00000995	0.995圓
2獎	1000萬圓	4	0.0000002	2圓
3獎	100萬圓	40	0.000002	2圓
4獎	5萬圓	2000	0.0001	0.5圓
5獎	1萬圓	60000	0.003	30圓
6獎	3000圓	200000	0.01	30圓
7獎	300圓	2000000	0.1	30圓
未中獎	0圓	177737754	0.8868877	0圓
合計	—	2000萬	1	154.995圓

彩券的期望值是多少？

上方表格列出了日本2021年的年終大樂透每個獎項的獎金及機率。1～200組每組各有10萬張（每張彩券上印有「組號」與「番號」），因此總計有2000萬張，這樣叫作「一單位」。購買一張（300圓）的獎金期望值大約是155圓。

很遺憾的，**世界上幾乎所有賭博或彩券都是對賭客方不利**。例如，日本的大樂透每張的期望值只有150圓多一點而已。

那麼，彩券是連號還是散號的期望值比較高呢？舉例來說，一套（10張）連號的彩券有10張相同組別，且號碼連續（個位數從0到9）的彩券。至於一套（10張）散號的彩券則有10張組別全不相同、號碼也不連續（個位數從0到9）的彩券。

詳細的計算方式這裡就不做介紹了，但其實兩者的期望值是一樣的。不過，獲得1億5000萬圓以上大獎的機率存在差異，散號是連號的2.5倍。可以說散號是一種放棄將頭獎與前後獎一網打盡，但提高大獎中獎機率的買法。

什麼是「10張連號」？
一套（10張）連號的彩券有十張組別全都相同，且號碼連續（個位數從0到9）的彩券。

什麼是「10張散號」
一套（10張）散號的彩券有10張組別皆不相同、號碼也不連續（個位數從0到9）的彩券。

10張連號與10張散號的期望值都是約1475圓，但如果計算「能夠得到頭獎前後獎（1億5000萬圓）以上大獎的機率」，連號為「1000萬分之6」，散號為「1000萬分之15」，散號是連號的2.5倍。若目標是10億圓的話建議買連號，只要有1億5000萬圓以上就好的話則建議買散號。

哪種彩券比較值得買？

日本的迷你樂透、樂透6、樂透7
這些彩券中該買哪種比較好？

迷你樂透、樂透6、樂透7等彩券都是選出數個自己喜歡的數字，然後依對中的數字多寡決定得獎金額的彩券，以下將計算這些彩券的期望值進行比較。每種彩券的中獎機率都可以用「符合中獎條件的數字組合總數」除以「所有可能的數字選法總數」求出來。

迷你樂透的頭獎條件是，從31個數字中選出的5個數字必須與開獎時開出的5個獎號完全一致。選出5個數字的組合總共有16萬9911種，頭獎的組合僅有一種，因此頭獎的中獎機率是16萬9911分之1。

樂透7的頭獎條件則是，從37個數字中選出的7個數字必須與開獎時開出的7個獎號完全一致。選出7個數字的組合總共有1029萬5472種，頭獎的組合僅

有一種，因此頭獎的中獎機率是1029萬5472分之1。

迷你樂透與樂透7的數字組合總數有不小的差距，那麼期望值是不是也一樣差很多呢？

實際計算期望值的結果是，迷你樂透約為89.8圓，樂透6約為89.9圓，樂透7約為133.6圓（見下一頁）。 迷你樂透與樂透6為一注200圓，樂透7為300圓，將樂透7換算為200圓的話，期望值相當於89.1圓。**雖然有些微差異，但三者的期望值幾乎相同，很難說哪一種比較值得買。**

迷你樂透

一注200圓，從1～31中選出5個不同的數字，選法總共有16萬9911種。中獎金額視這5個自選號碼與開獎時開出的5個獎號、1個特別號有多少個相同而定。

◎頭獎：5個自選號碼與5個獎號完全相同
　…獎金1000萬圓，機率16萬9911分之1
◎二獎：5個自選號碼中有4個與獎號相同，剩餘的1個自選號碼與特別號相同
　…獎金15萬圓，機率16萬9911分之5
◎三獎：5個自選號碼中有4個與獎號相同
　…獎金1萬圓，機率16萬9911分之125
◎四獎：5個自選號碼中有3個與獎號相同
　…獎金1000圓，機率16萬9911分之3250

$$期望值 = 10000000 \times \frac{1}{169911} + 150000 \times \frac{5}{169911} + 10000 \times \frac{125}{169911} + 1000 \times \frac{3250}{169911}$$

$$= 約89.8圓$$

樂透6

一注200圓，從1～43中選出6個不同的數字，選法總共有609萬6454種。中獎金額視這6個自選號碼與開獎時開出的6個獎號、1個特別號有多少個相同而定。

◎頭獎：6個自選號碼與6個獎號完全相同
　…獎金2億圓，機率609萬6454分之1
◎二獎：6個自選號碼中有5個與獎號相同，剩餘的1個自選號碼與特別號相同
　…獎金1000萬圓，機率609萬6454分之6
◎三獎：6個自選號碼中有5個與獎號相同
　…獎金30萬圓，機率609萬6454分之216
◎四獎：6個自選號碼中有4個與獎號相同
　…獎金6800圓，機率609萬6454分之9990
◎五獎：6個自選號碼中有3個與獎號相同
　…獎金1000圓，機率609萬6454分之15萬5400

$$期望值 = 200000000 \times \frac{1}{6096454} + 10000000 \times \frac{6}{6096454} + 300000 \times \frac{216}{6096454}$$

$$+ 6800 \times \frac{9990}{6096454} + 1000 \times \frac{155400}{6096454}$$

$$= 約89.9圓$$

樂透7

一注300圓，從1～37中選出7個不同的數字，選法總共有1029萬5472種。中獎金額視這7個自選號碼與開獎時開出的7個獎號、2個特別號有多少個相同而定。

◎頭獎：7個自選號碼與7個獎號完全相同
　…獎金6億圓，機率1029萬5472分之1
◎二獎：7個自選號碼中有6個與獎號相同，剩餘的1個自選號碼與任一特別號相同
　…獎金730萬圓，機率1029萬5472分之14
◎三獎：7個自選號碼中有6個與獎號相同
　…獎金73萬圓，機率1029萬5472分之196
◎四獎：7個自選號碼中有5個與獎號相同
　…獎金9100圓，機率1029萬5472分之9135
◎五獎：7個自選號碼中有4個與獎號相同
　…獎金1440圓，機率1029萬5472分之14萬2100
◎六獎：7個自選號碼中有3個與獎號相同，其餘自選號碼與1個或2個特別號相同
　…獎金1000圓，機率1029萬5472分之24萬2550

$$期望值 = 600000000 \times \frac{1}{10295472} + 7300000 \times \frac{14}{10295472} + 730000 \times \frac{196}{10295472}$$

$$+ 9100 \times \frac{9135}{10295472} + 1440 \times \frac{142100}{10295472} + 1000 \times \frac{242550}{10295472}$$

$$= 約133.6圓 \quad \rightarrow \quad 換算成一注200圓的話為89.1圓$$

三星彩、四星彩有必勝方法嗎？

雖然無法提升中獎機率，
但若能知道哪些數字比較少人下注……

編註1：臺灣的三星彩選號中有二個數字相同者，共有3種組合，稱為「3組彩」。選號中三個數字皆不相同者，共有6種組合，稱為「6組彩」。三個相同數字沒有排列順序的問題，故「組彩」不接受三個相同數字之投注。

編註2：臺灣的三星彩中的「對彩」則是「頭兩位數字」或「末兩位數字」、排列順序相同，皆為中獎。

編註3：臺灣的四星彩選號中有三個數字相同者，共有4種組合，稱為「4組彩」。選號中二對數字相同者，共有6種組合，稱為「6組彩」。選號中有二個數字相同者，共有12種組合，稱為「12組彩」。選號中四個數字皆不相同者，共有24種組合，稱為「24組彩」。

三星彩（任選一個三位數）

玩法	中獎說明	中獎機率	理論上的中獎金額
正彩	三個數字及數字排列順序都相同	1/1000	9 萬圓
組彩	三個數字相同即可，排列順序不需相同	（例：123）3/500 （例：112）3/1000	1 萬 5000 圓 3 萬圓
各半編註1	正彩與組彩各買一半	（例：123）正彩：1/1000 （例：112）正彩：1/1000 （例：123）組彩：1/200 （例：112）組彩：1/500	5 萬 2500 圓 6 萬圓 7500 圓 1 萬 5000 圓
對彩編註2	末兩位數字及排列順序相同	1/100	9000 圓

四星彩（任選一個四位數）

玩法	中獎說明	中獎機率	理論上的中獎金額
正彩	四個數字及數字排列順序都相同	1/10000	90 萬圓
組彩	四個數字相同即可，排列順序不需相同	（例：1234）3/1250 （例：1123）3/2500 （例：1122）3/5000 （例：1112）1/2500	3 萬 7500 圓 7 萬 5000 圓 15 萬圓 22 萬 5000 圓
各半編註3	正彩與組彩各買一半	（例：1234）正彩：1/10000 （例：1123）正彩：1/10000 （例：1122）正彩：1/10000 （例：1112）正彩：1/10000 （例：1234）組彩：23/10000 （例：1123）組彩：11/10000 （例：1122）組彩：1/2000 （例：1112）組彩：3/10000	46 萬 8700 圓 48 萬 7500 圓 52 萬 5000 圓 56 萬 2500 圓 1 萬 8700 圓 3 萬 7500 圓 7 萬 5000 圓 11 萬 2500 圓

三星彩、四星彩是選一組三位數或四位數投注的彩券。投注的數字與獎號相同便能獲得獎金（詳細規則見左下方）。由於總獎金固定為銷售金額的45%，因此該金額除以中獎注數得到的金額，便是一注的獎金。

在上述的三星彩、四星彩規則之中，是否存在必勝方法呢？**首先，一注200圓投注金額的相對期望值為90圓（45%），因此和其他**彩券一樣，玩起來並不划算。而且中獎號碼都是隨機開出的，所以也不會有「特別容易開出來的數字」。

不過，如果能知道有什麼號碼比較沒有人投注，投注該號碼的中獎金額會稍微高一些（無需與多位中獎者均分）。例如，有很多人都用生日的日期（例如01～12＋01～31）投注，那麼選擇與日期無關的數字投注或許會比較好。

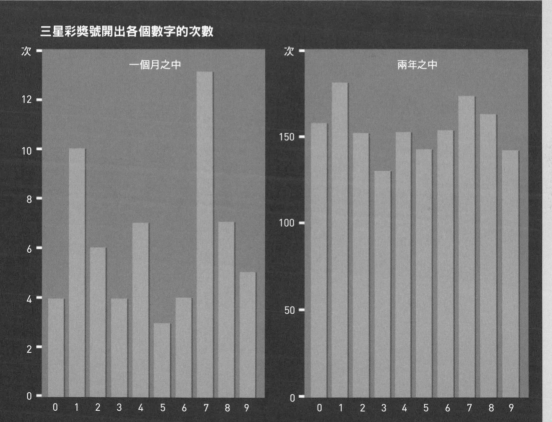

三星彩獎號開出各個數字的次數

以一個月為單位來看，獎號開出各個數字的次數差異頗大；但拉長到兩年來看，差異就小了許多。理論上並沒有哪個數字特別容易開出來。

20筆消費中有一筆 全額退還，划算嗎？

看起來好像非常划算，
但退還金額的期望值與每筆回饋5%相同

假設參加某項購物促銷活動，每20筆消費中有一筆可「全額退還」（5萬圓為上限）。以下將實際計算看看，這項促銷是否真的划算。

如果某人消費20筆（其中至少有一筆超過5萬圓）購物，獲得退還5萬圓，所以退還金額的期望值為「5萬圓×$\frac{1}{20}$＋0圓×$\frac{19}{20}$＝2500圓」。

少數獲得退還5萬圓者

比較「全額退還」與「一律回饋」

假設兩家行動支付分別推出每20筆消費中有一筆能獲得全額退還消（5萬圓為上限）的活動，以及每筆消費皆回饋5%的活動。兩者的期望值其實相同，但給消費者的印象卻大不相同。

20筆中有一筆可「全額退還」（5萬圓為上限）
消費20筆（其中至少有一筆超過5萬圓）購物，退還金額的期望值為「5萬圓×$\frac{1}{20}$＋0圓×$\frac{19}{20}$＝2500圓」

如果促銷內容是每筆消費（以平均 5 萬圓計算）一律回饋5%，則單筆消費的期望值是「5 萬圓× $\frac{5}{100}$ ×1＝2500圓」，整體20筆消費的期望值為「2500圓×20＝5 萬圓＝全額退還一筆」。

雖然20筆中「全額退還一筆」的期望值與單筆「每筆5%回饋」的期望值相同，但前者須消費20筆才能參加，而後者不用消費20筆便可享有。

由此可知，期望值雖然能夠幫助我們做出更好的判斷，但並不是萬能的。

就推出促銷的業者而言，若消費筆數非常少，退還金額有可能超過期望值，但只要顧客的消費筆數越多，業者實際上支付的退還金額就會越接近期望值（購物總金額的 $\frac{1}{20}$ ，也就是5%），這個金額會與每筆消費提供5%回饋相同（大數法則）。

一律回饋5%
消費 5 萬圓，退還金額的期望值為
「5 萬圓× $\frac{5}{100}$ ×1＝2500圓」

全部
5% OFF
瘋狂促銷中！

回饋給所有人

有什麼賭博是穩賺不賠的嗎？

無論是哪種賭博，
期望值基本上都低於賭金

樂透6

從1～43中選出6個數字，若未開出頭獎，頭獎獎金最高累積至6億圓（通常為2億圓）。一注200圓。

獎項	中獎條件	中獎機率
頭獎	6個自選號碼與獎號完全相同	1/6096454
二獎	6個自選號碼中有5個與獎號相同，剩餘的1個與特別號相同	6/6096454
三獎	6個自選號碼中有5個與獎號相同	216/6096454
四獎	6個自選號碼中有4個與獎號相同	9990/6096454
五獎	6個自選號碼中有3個與獎號相同	155400/6096454

迷你樂透

從1～31中選出6個數字，如果沒開出頭獎，獎金不會累積至下期。頭獎獎金約1000萬圓（理論值）。一注200圓。

獎項	中獎條件	中獎機率
頭獎	5個自選號碼與獎號完全相同	1/169911
二獎	5個自選號碼中有4個與獎號相同，剩餘的1個與特別號相同	5/169911
三獎	5個自選號碼中有4個與獎號相同	125/169911
四獎	5個自選號碼中有3個與獎號相同	3250/169911

運動彩券 toto

預測13場指定的足球比賽主隊在90分鐘正規賽踢完後為「勝」、「負」或「其他（和局、延長賽）」。若未開出頭獎，頭獎獎金最高累積至5億圓（通常為1億圓）。獎金隨銷售金額及中獎注數變動。一注100圓。

中獎條件	中獎機率（理論值）	獎金（分配比例）
頭獎 正確預測所有比賽	約 1/1600000	70%
二獎 一場比賽預測錯誤	約 1/60000	15%
三獎 兩場比賽預測錯誤	約 1/5000	15%

運動彩券 BIG

由電腦隨機選擇14場指定的足球比賽主隊在90分鐘正規賽踢完後為「勝」、「負」或「其他（和局、延長賽）」。若未開出頭獎，頭獎獎金最高累積至6億圓（通常為3億圓）。獎金隨銷售金額及中獎注數變動。一注300圓。

中獎條件	中獎機率（理論值）	獎金（分配比例）
頭獎 正確預測所有比賽	約 1/4800000	80%
二獎 一場比賽預測錯誤	約 1/170000	7%
三獎 二場比賽預測錯誤	約 1/13000	2%
四獎 三場比賽預測錯誤	約 1/1643	3%
五獎 四場比賽預測錯誤	約 1/299	3%
六獎 五場比賽預測錯誤	約 1/75	5%

日本合法的公營博弈之中，期望值最高的是哪一種？樂透（樂透6、迷你樂透等）、運動彩券（toto、BIG等）的回饋率約45～50%，其實不太划算。至於賽馬、賽艇的回饋率則約75%。

樂透6及toto、BIG等若當期沒有開出頭獎，頭獎獎金會累積至下一期。**發生這種狀況時，期望值會變得比原本高**。這不免令人「期待」，如果獎金不斷累積下去，相對於賭金的期望值或許會超過100%。

但要注意的是，日本的這些博弈是有獎金上限的。不過自行車賽運動彩券「Chariloto」的獎金上限較高，達12億圓。當獎金累積下去，湊齊了理想的條件時，期望值似乎有機會超過100%。

編註：比照香港賽馬博彩公司的用詞，其中「位置」（Place）是指投注者選中一匹「跑入名次有資格分享彩金」位置的馬匹，日本賽馬稱為「複勝」。「連贏」（Quinella）日本賽馬稱為「馬連」。「位置Q」即「位置連贏」。「二重彩」（Exacta）日本賽馬稱為「馬單」。「單T」（Trifecta Box）日本賽馬稱為「3連複」。「三重彩」（Trifecta）日本賽馬稱為「3連單」。

馬匹編號與分組

組別	馬匹編號	馬匹名稱
1	1	葉綠素
1	2	夸克
2	3	系外行星
2	4	可見光
3	5	魯米諾反應
3	6	寒武紀大爆發
4	7	伽利略
4	8	克洛曼儂人
5	9	獵戶座星雲
5	10	微血管
6	11	突觸
6	12	火箭
7	13	離子推進器
7	14	石墨烯
8	15	高斯平面
8	16	低溫電子顯微鏡

馬票種類[編註]與機率（16匹馬出賽時）

種類	下注標的	機率
獨贏	第一名的馬	6.25%
位置	跑進前三名的馬	18.75%
連贏編號	第一、第二名的組別組合	約3.3%（若買同一組約為0.83%）
連贏	前兩名的馬組合	0.83%
位置Q	跑進前三名的兩匹馬組合	2.5%
二重彩	依序選中第一、二名的馬	0.42%
單T	前三名的馬組合	0.18%
三重彩	依序選中第一、二、三名的馬	0.03%

職業梭哈玩家厲害在哪裡？

**職業玩家熟知機率，
而且能準確判斷狀況**

梭哈（Stud Poker）是一種設法用撲克牌組合出「牌型」，玩家間以牌型大小一決勝負的遊戲。日本一般玩的梭哈叫「換牌撲克」（Draw Poker），一開始會先發五張牌，接下來可以交換其中幾張，設法組合出更強的牌型。下一頁的表格列出了使用不包括鬼牌的52張牌發牌時，一開始拿到的五張牌能湊出各種牌型的機率。

梭哈和其他賭博存在一項明顯不同之處，就是有職業的玩家。

即便是職業玩家，也不知道下一張發到自己手上的會是什麼牌。但職業玩家可以透過觀察牌桌上及自己的牌，瞬間推測出接下來湊出哪種牌型的機率比較高。**而且還會根據其他玩家的習性、牌桌上的籌碼數量等，精準判斷該和對手一較高下還是收手，藉此維持高勝率。**

世界上的主流玩法是「德州撲克」

日本常見的梭哈是一開始發五張手牌的「換牌撲克」，但國際上的主流是名為「德州撲克」（Texas holdem）的梭哈。

德州撲克的手牌只有兩張，牌桌上另有五張「公牌」，為所有玩家的共通牌。公牌一開始全都是蓋著的，接下來會隨牌局的進行分階段依序翻開三張、一張、一張。參與牌局的玩家便是用自己的兩張手牌與牌桌上翻開的公牌湊出牌型，藉此決定輸贏。

日本「換牌撲克」一開始拿到的五張牌能夠湊出各種牌型的機率

牌型	定義	例	機率
散牌	沒有牌型		約 50%
對子	有兩張相同數字的牌		約 42%
兩對	有兩組兩張相同數字的牌		約 4.8%
三條	有三張相同數字的牌		約 2.1%
順子	有五張數字連續的牌		約 0.4%
同花	五張牌皆為相同花色		約 0.2%
葫蘆^{編註}	對子搭配三條的組合		約 0.14%
鐵支	有四張相同數字的牌		約 0.02%
同花順	有五張數字連續且花色相同的牌		約 0.0014%
同花大順	拿到相同花色的 10、J、Q、K、A		約 0.000154%

編註：葫蘆（Full house又稱為滿堂紅）；鐵支（Four of a Kind又稱為四條）。

不管參加費是**多少**都值得參加嗎？

有種賭局就算期望值無限大
也會讓人猶豫是否該參加

本 單元要介紹一個例子說明
期望值不一定是萬能的。
假設有一項擲硬幣的遊戲是根據
玩家在擲第幾次時擲出正面，決
定獎金的金額。獎金的金額為，
擲第一次就擲出正面的話「1
元」；第一次擲出反面，第二次
擲出正面的話則加倍為「2元」；
前兩次都是反面，第三次擲出正
面的話再加倍為「4元」，依此類
推下去。如果第30次才擲出正面
的話，獎金將會高達2^{29}＝5億
3687萬912元。參加費低於多少
的話，你願意參加這個遊戲呢？

根據右頁的計算，這項遊戲的
期望值竟然是無限大（∞）。**這**
代表就算參加費是1億元，對參
加者而言（只看期望值的話），
這也是「有利的賭局」。

但實際上真的會有人願意付
一大筆錢參加這個遊戲嗎？**雖然**
期望值無限大，卻不會讓人想要
參加（玩家更可能只賺到1元，
或2元，或4元等，而不太可能

賺到無限的獎金），因此這個遊
戲被稱為「聖彼得堡悖論」（St.
Petersburg paradox）。[編註]

編註：該悖論得名於提出此問題的伯努利
（Nicolas Bernoulli）的表弟丹尼爾（Daniel
Bernoulli）在《聖彼得堡帝國科學院評論》
（*Commentaries of the Imperial Academy of
Science of Saint Petersburg*）中發表對該問題
的看法，表示在風險和不確定條件下，個人
的決策行為準則是為了獲得最大期望效用值
而非最大期望金額值。

正

反

第一次就擲出正面

機率 × 獎金 $= \frac{1}{2} \times 1$圓 $= \frac{1}{2}$圓

擲到第二次時擲出正面

機率 × 獎金 $= \frac{1}{2} \times \frac{1}{2} \times 2$圓 $= \frac{1}{2}$圓

擲到第三次時擲出正面

機率 × 獎金 $= \frac{1}{2} \times \frac{1}{2} \times \frac{1}{2} \times 4$圓 $= \frac{1}{2}$圓

擲到第四次時擲出正面

機率 × 獎金 $= \frac{1}{2} \times \frac{1}{2} \times \frac{1}{2} \times \frac{1}{2} \times 8$圓 $= \frac{1}{2}$圓

擲到第五次時擲出正面

機率 × 獎金 $= \frac{1}{2} \times \frac{1}{2} \times \frac{1}{2} \times \frac{1}{2} \times \frac{1}{2} \times 16$圓 $= \frac{1}{2}$圓

期望值就是像這樣無限加下去（$\frac{1}{2}$圓 $+ \frac{1}{2}$圓 $+ \frac{1}{2}$圓……），
因此會是無限大（發散級數）。

憑藉理論在賭博中贏錢的案例

想要在輪盤等賭博中必勝是不可能的,但實際上曾經有過賭客出乎莊家的意料贏了錢。1873年時,一名叫作賈格(Joseph Jagger,1830～1892)的英國紡織工程師在蒙地卡羅的賭場靠著輪盤贏了一大筆錢,因此聲名大噪。

賈格在數天前先僱人前往賭場,持續記錄各輪盤開出的數字。經過統計分析後發現,某一個輪盤開出的數字偏離了理論上的機率(若輪盤缺乏校準而有較大偏差,便特別容易開出某些數字),於是帶著賭資進賭場持續在該輪盤下注在容易開出的數字(賈格爾藉此贏得了45萬美元)。

骰子或輪盤開出的數字與理論的機率會有些微偏差,但通常期望值是在100%以下,因此賭客無法靠這樣贏錢。**不過如果偏差夠大的話,是可以藉此勝過莊家的**。只是在賈格的案例中,莊家馬上察覺開出的數字偏離了理論值,後來每天都會校準輪盤。

1992年時曾有澳洲的投資集團投入大筆資金購買彩券,得到了豐碩的成果。

美國維吉尼亞州的樂透彩是在1～44中選出六個數字,所有可能的組合共有705萬9052種。彩券一張只要1美元,因此只要花約700萬美元就能買下所有彩券。至於頭獎的獎金當時已累積高達2700萬美元。每張彩券的獎金期望值約為3.8美元,明顯超過了1美元的成本。

因此**如果能買下所有數字組合的彩券,就一定會中獎並獲利**。雖然投資集團因時間不足只買了550萬張^{編註},但頭獎的彩券就在這550萬張之中。而且購買彩券的一般民眾並沒有人投注相同號碼,所以頭獎獎金便由投資集團獲得。

編註:一家連鎖超商因為該投資集團一口氣包牌買了上百萬張的彩券應付不來,在時間截止前放棄交易。後來彩券發行機構也為此修改了規則,禁止類似的大量包牌。

猜拳的「習性」會影響勝率

如果你覺得自己猜拳老是贏不了的話，或許是因為別人已經看透了你出拳的習性。統計數理研究所（https://www.ism.ac.jp/）網站上的「猜拳道場」可以幫助你了解自己的習性。

這項遊戲會學習你的出拳習性，藉此在猜拳中贏過你。如果能把習性改掉的話，你在這項遊戲的勝率理論上會來到50%。

4

顛覆直覺
的機率

一個30人左右的班級裡，有人和自己同一天生日的機率其實並不低。乍看之下似乎單純的問題其實只要稍微改變條件或資訊，機率就會產生變化。這一章將會介紹許多這類與直覺猜想有出入的問題。

$$P(A \mid B) = \frac{P(A \cap B)}{P(B)}$$

?

班上有兩個人生日同一天很不可思議嗎？

其實這種情形並不稀罕

30個人的生日會有多少種可能

全班30人的生日可以是365天中的任何一天，因此共有365^{30}種可能。

30個人的生日全都不同有多少種可能

第一個人的生日可以是任何一天，因此有365種可能
第二個人的生日必須與第一個人不同，因此有364種可能
第三個人的生日必須與第一、第二個人不同，因此有363種可能

⋮

第30個人的生日必須與前29個人都不同，因此有336種可能
　　　　　　30個人的生日全都不同便會有365×364×363×……×336種可能。

30個人的生日全都不同的機率

$$\frac{30\ 個人的生日全都不同的所有可能數量}{30\ 個人生日的所有可能數量} = \frac{365 \times 364 \times 363 \times \cdots 336}{365^{30}}$$

這樣計算下來大約是30％。

30個人之中至少有兩個人同一天生日的機率

運用餘事件的觀念，以代表整體機率的1（＝100％）減去30個人的生日全都不同的機率便可求出來。

　　　　因此答案是 **約70％**

如果班上剛好有兩個人生日一樣的話，你會不會覺得「真是太巧了」？那就來實際計算一下這樣的機率是多少。

假設一班有30個學生，不考慮2月29日出生（或雙胞胎同班），以一年365天為前提進行計算。

目標是算出「30個人之中至少有兩個人同一天生日的機率」，運用「餘事件」（第26～27頁）的觀念來計算會方便許多。只要先算出「30個人的生日全都不同的機率」，再用1（＝100%）減去這個數字即可。

經過計算可知「30個人的生日全都不同的機率」大約是30%，因此**「30個人之中至少有兩個人同一天生日的機率」便大約是70%**（計算方式見左下）。這不僅算不上不可思議，甚至可以說是很容易發生的事。

至於30個人的班級中有人與「你」的生日同一天的機率則是約7.65%。[編註1]

編註1：班級中29人與你的生日不同天的機率 p ＝$(364/365)^{29}$，有人與你同一天生日的機率＝$1-p \fallingdotseq 1-0.9235 \fallingdotseq 7.65\%$。

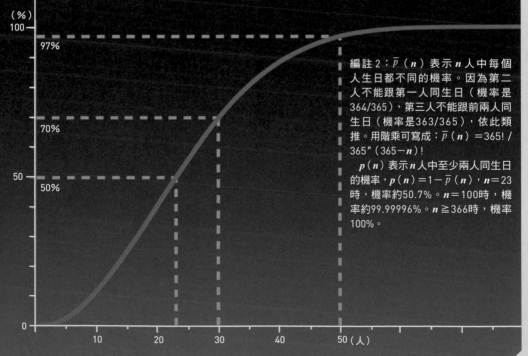

生日同一天的機率

下方圖表畫出了班級人數（橫軸）與班上至少有兩人同一天生日的機率（縱軸）之間的關係。班級人數超過23人的話，機率就會超過50%，30個人的班級約70%，50個人的班級則會到達97%。[編註2]

（%）
100
97%
70%
50
50%
0

10　　20　　30　　40　　50（人）

編註2：$\overline{p}(n)$ 表示 n 人中每個人生日都不同的機率。因為第二人不能跟第一人同生日（機率是364/365），第三人不能跟前兩人同生日（機率是363/365），依此類推。用階乘可寫成：$\overline{p}(n) = 365! / 365^n (365-n)!$

$p(n)$ 表示 n 人中至少兩人同生日的機率，$p(n) = 1 - \overline{p}(n)$，$n=23$ 時，機率約50.7%。$n=100$ 時，機率約99.99996%。$n \geq 366$ 時，機率100%。

日本職棒總冠軍賽會打到第七場嗎？

以四勝一敗或四勝二敗
分出勝負的機率其實也很高

日本職棒的總冠軍系列賽是由代表中央聯盟與太平洋聯盟的隊伍對決，先取得四勝的隊伍將成為總冠軍。

兩支隊伍的實力如果不分上下的話，我們大概會直覺地認為應該要打到第七場才能分出勝負。實際上真的是這樣嗎？

由於前提是兩支隊伍實力相當，因此假設中央聯盟隊伍每場比賽獲勝的機率是50%，落敗的機率也是50%。另外，也不考慮和局的狀況。此時可以算出，「中央聯盟隊伍連贏四場（贏得冠軍的情況只有1種）成為總冠軍的機率」是$0.5^4 = 0.0625$（＝6.25%），太平洋聯盟的隊伍也是一樣。因此，「四連勝贏得總冠軍的機率」為6.25%＋6.25%＝12.5%。依相同方式計算，四勝一敗（五場比賽贏得冠軍的情況有4種）的機率是（$0.5^5 \times 4$）

＋（$0.5^5 \times 4$）＝25%。**令人意外的是，其實四勝二敗與四勝三敗的機率相同，都是31.25%。**

右方表格是假設日本職棒總冠軍系列賽的兩支參賽隊伍實力相當時，「中央聯盟隊伍以四勝二敗贏得總冠軍的機率」與「中央聯盟隊伍以四勝三敗贏得總冠軍的機率」的計算結果。雖然過程不盡相同，但就結果而言，兩者的機率是一樣的。因此，「以四勝二敗分出勝負的機率」與「以四勝三敗分出勝負的機率」同樣都是31.25%。

勢均力敵的日本職棒總冠軍賽會打到第幾場？

中央聯盟隊伍以「四勝二敗贏得冠軍」的情況（共有10種）

	第１場	第２場	第３場	第４場	第５場	第６場	機率
1.	○	○	○	×	×	○	$0.5^6 = 0.015625$
2.	○	○	×	○	×	○	$0.5^6 = 0.015625$
3.	○	○	×	×	○	○	$0.5^6 = 0.015625$
4.	○	×	○	○	×	○	$0.5^6 = 0.015625$
5.	○	×	○	×	○	○	$0.5^6 = 0.015625$
6.	○	×	×	○	○	○	$0.5^6 = 0.015625$
7.	×	○	○	○	×	○	$0.5^6 = 0.015625$
8.	×	○	○	×	○	○	$0.5^6 = 0.015625$
9.	×	○	×	○	○	○	$0.5^6 = 0.015625$
10.	×	×	○	○	○	○	$0.5^6 = 0.015625$
合計							**0.15625 = 15.625%**

太平洋聯盟隊伍以四勝二敗奪冠的機率同樣是15.625%。
因此以四勝二敗分出勝負的機率是15.625%＋15.625%＝31.25%。

中央聯盟隊伍以「四勝三敗贏得冠軍」的情況（共有20種）

	第１場	第２場	第３場	第４場	第５場	第６場	第７場	機率
1.	○	○	○	×	×	×	○	$0.5^7 = 0.0078125$
2.	○	○	×	○	×	×	○	$0.5^7 = 0.0078125$
3.	○	○	×	×	○	×	○	$0.5^7 = 0.0078125$
4.	○	○	×	×	×	○	○	$0.5^7 = 0.0078125$
5.	○	×	○	○	×	×	○	$0.5^7 = 0.0078125$
6.	○	×	○	×	○	×	○	$0.5^7 = 0.0078125$
7.	○	×	○	×	×	○	○	$0.5^7 = 0.0078125$
8.	○	×	×	○	○	×	○	$0.5^7 = 0.0078125$
9.	○	×	×	○	×	○	○	$0.5^7 = 0.0078125$
10.	○	×	×	×	○	○	○	$0.5^7 = 0.0078125$
11.	×	○	○	○	×	×	○	$0.5^7 = 0.0078125$
12.	×	○	○	×	○	×	○	$0.5^7 = 0.0078125$
13.	×	○	○	×	×	○	○	$0.5^7 = 0.0078125$
14.	×	○	×	○	○	×	○	$0.5^7 = 0.0078125$
15.	×	○	×	○	×	○	○	$0.5^7 = 0.0078125$
16.	×	○	×	×	○	○	○	$0.5^7 = 0.0078125$
17.	×	×	○	○	○	×	○	$0.5^7 = 0.0078125$
18.	×	×	○	○	×	○	○	$0.5^7 = 0.0078125$
19.	×	×	○	×	○	○	○	$0.5^7 = 0.0078125$
20.	×	×	×	○	○	○	○	$0.5^7 = 0.0078125$
合計								**0.15625 = 15.625%**

太平洋聯盟隊伍以四勝三敗奪冠的機率同樣是15.625%。
因此以四勝三敗分出勝負的機率是15.625%＋15.625%＝31.25%。

條件及資訊會改變機率

「條件機率」其實比想像中困難

因資訊造成機率改變

下方的左圖說明了「某個家庭有兩個小孩」這項資訊，若再加上「其中至少一個是男生」這項資訊後，就會像右圖顯示的，「女、女」的可能性將被排除在外。另外，如果題目是「當老大是男生時，另一個小孩也是男生的機率為何？」答案是 $\frac{1}{2}$。

基本資訊：「某個家庭有兩個小孩」

加上「至少一個是男生」這項資訊

至少有一個男生，因此
「女、女」被排除

某個家庭有兩個小孩，當已經知道至少有一個是男生時，另一個也是男生的機率是多少？

或許很多人會直覺認為是 $\frac{1}{2}$，但正確答案其實是 $\frac{1}{3}$。

首先根據「有兩個小孩」這項資訊，依照出生順序，小孩的性別共有 {男、男}、{男、女}、{女、男}、{女、女} 四種可能。

如果加上「至少一個是男生」這項資訊，{女、女} 就會從上述四種可能中排除。

如此一來，剩下的可能性就只有 {男、男}、{男、女}、{女、男} 三種。在剩下的三種可能之中，已知有一個男生時，另一個小孩也是男生的可能就只有 {男、男}，也就是三種可能之中的一種，因此機率是 $\frac{1}{3}$。

像這樣因為某項條件或資訊而產生變化的機率叫作「條件機率」（conditional probability）。

條件機率的公式

$$P(A \mid B) = \frac{P(A \cap B)}{P(B)}$$

在B這項條件或資訊的前提下，發生事件A的條件機率若用符號表示可寫成 P（A|B）。上方的公式為計算條件機率的公式。P（A∩B）是A與B兩者皆發生的機率之意，P（B）則是B發生的機率。

這則公式正好可以用來計算本單元的小孩性別的問題。最終目的是要求出「在至少有一個小孩是男生的前提下，另一個小孩也是男生」的機率。「另一個小孩也是男生」這個事件相當於A，「至少有1個小孩是男生」這項資訊則相當於B。A∩B為「至少有一個小孩是男生，而且另一個小孩也是男生」，也就是「兩個小孩都是男生」的意思。P（B）= $\frac{3}{4}$，P（A∩B）= $\frac{1}{4}$，因此 P（A|B）=（$\frac{1}{4}$）÷（$\frac{3}{4}$）= $\frac{1}{3}$。

一個小孩是男生，名字叫作「健」。另一個小孩也是<u>男生的機率是</u>？

只是因為知道兩個小孩其中一個男生的名字，
就會改變「另一個小孩也是男生」的機率！

1 單憑性別區分時

如同第104頁的圖，兩個小孩的性別關係有 {男、男}、{男、女}、{女、男}、
{女、女} 四種可能，機率各是 $\frac{1}{4}$。

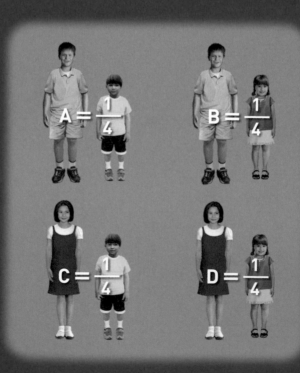

延續前一單元的問題，我們再來看以下這個問題。

「某個家庭有兩個小孩，其中一個小孩是男生，名字叫作『健』。另一個小孩也是男生（名字不是『健』）的機率為多少？」

已知兩個小孩之中有一個是男生，與前一單元不同之處只有這個男生的名字叫作「健」。可能有不少人會憑直覺認為答案和前一單元相同，是 $\frac{1}{3}$。但其實並非如此。**只是因為知道了名字，卻會導致答案改變。**

以下就來依序釐清。某個家庭有兩個小孩時，性別關係共有四種可能（圖1）。

而在這個單元中，男生名為「健」或者「不是健」會使得圖1細分出更多可能。結果就如同圖2所列的，共有八種可能。（後續說明請見下一單元）

2 憑性別及其中一個男生的名字區分時

另外還要區分男生的名字是或者不是「健」的狀況。如此一來，圖1的A會分出三種，B與C會各分出兩種，總共有八種可能。

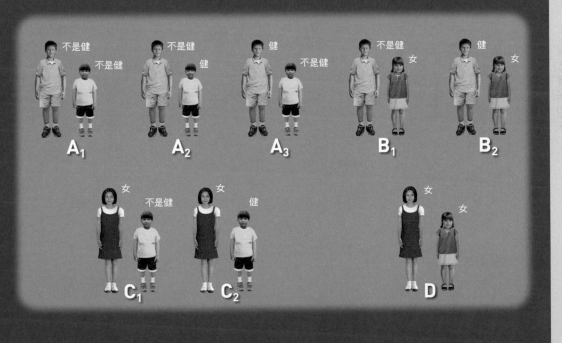

條件的些微變化
會改變計算時考慮的範圍

面對條件機率問題必須注意些微的條件差異

3 把範圍縮小成「其中一個是叫作健的男生」

若將範圍縮小為兩個小孩中有一個是叫作健的男生，會變成剩下四種可能。第104頁只排除了D的可能，但換成現在的問題，A_1、B_1、C_1也會被排除。

3.1 如果「健」這個名字很罕見

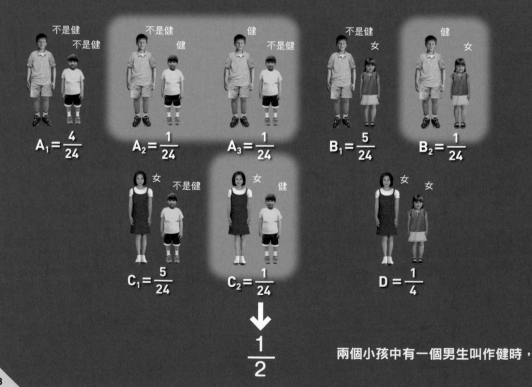

$$A_1 = \frac{4}{24}$$ $$A_2 = \frac{1}{24}$$ $$A_3 = \frac{1}{24}$$ $$B_1 = \frac{5}{24}$$ $$B_2 = \frac{1}{24}$$

$$C_1 = \frac{5}{24}$$ $$C_2 = \frac{1}{24}$$ $$D = \frac{1}{4}$$

$$\frac{1}{2}$$

兩個小孩中有一個男生叫作健時，

根據前一單元的圖1與圖2，由於$A=B=C=D=\frac{1}{4}$，因此$A_1+A_2+A_3=B_1+B_2=C_1+C_2=D=\frac{1}{4}$。

如果「健」這個名字很罕見（出現罕見名字的機率較低，故設為$\frac{1}{24}$，參見右方編註），$A_1\sim D$的值假定如下（圖3.1）。$A_1=\frac{4}{24}$，$A_2=A_3=\frac{1}{24}$，$B_1=C_1=\frac{5}{24}$，$B_2=C_2=\frac{1}{24}$，$D=\frac{1}{4}$。

如此一來，便有A_2、A_3、B_2、C_2等四種可能。其中，健以外的另一個小孩也是男生有A_2、A_3兩種可能。這裡使用前面介紹的公式計算，$\dfrac{A_2+A_3}{A_2+A_3+B_2+C_2}=\dfrac{(\frac{1}{24})+(\frac{1}{24})}{(\frac{1}{24})+(\frac{1}{24})+(\frac{1}{24})+(\frac{1}{24})}=\dfrac{(\frac{2}{24})}{(\frac{4}{24})}=\dfrac{1}{2}$。

如果「健」這個名字並不罕見，則會是$A_1=A_2=A_3=\frac{1}{12}$，$B_1=B_2=C_1=C_2=\frac{1}{8}$，**編註**$D=\frac{1}{4}$，**根據公式計算的條件機率**，$\dfrac{A_2+A_3}{A_2+A_3+B_2+C_2}=\dfrac{(\frac{1}{12})+(\frac{1}{12})}{(\frac{1}{12})+(\frac{1}{12})+(\frac{1}{8})+(\frac{1}{8})}=\dfrac{(\frac{2}{12})}{(\frac{5}{12})}=\dfrac{2}{5}$。

編註：$A=(A_1+A_2+A_3)=\frac{1}{4}$，其中$A_1=A_2=A_3$，因此$3A_1=\frac{1}{4}$，$A_1=\frac{1}{12}$。
$B=(B_1+B_2)=\frac{1}{4}$，其中$B_1=B_2$，因此$2B_1=1/4$，$B_1=\frac{1}{8}$。C_1、C_2亦同。

根據3.1、3.2假設的$A_1\sim C_2$的機率，使用條件機率的公式計算$\dfrac{A_2+A_3}{A_2+A_3+B+C}$，兩個小孩中有一個男生叫作健時，另一個小孩也是男生的機率會是$\frac{1}{2}$及$\frac{2}{5}$。

3.2 如果「健」這個名字並不罕見

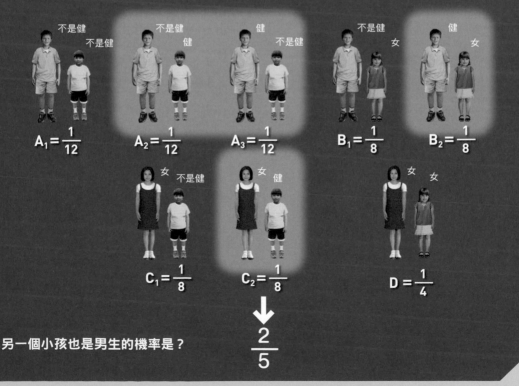

不是健　不是健　$A_1=\frac{1}{12}$

不是健　健　$A_2=\frac{1}{12}$

健　不是健　$A_3=\frac{1}{12}$

不是健　女　$B_1=\frac{1}{8}$

健　女　$B_2=\frac{1}{8}$

女　不是健　$C_1=\frac{1}{8}$

女　健　$C_2=\frac{1}{8}$

女　女　$D=\frac{1}{4}$

另一個小孩也是男生的機率是？

$$\frac{2}{5}$$

引發各種爭論的 「蒙提・霍爾問題」

挑戰者到底該不該改變答案？

【狀況1】挑戰者選擇A門

【狀況2】主持人打開B門（留下C門）

編註：這裡的機率計算不考慮挑戰者與主持人之間的「心理攻防戰」。如果能「識破」主持人打開沒有大獎之門（羊非大獎）時的目光跟手部動作等，機率還會再改變。

本單元要介紹的是另一個證明直覺與計算結果存在落差的例子。

有一個遊戲提供了豪華大獎，挑戰者面前有A、B、C三扇門，大獎就在其中一扇門後方，剩下兩扇門則是沒中獎。主持人知道哪一扇門是有大獎的，挑戰者當然不知道。挑戰者選了A門。

接著主持人在剩下的兩扇門中打開了B門，讓挑戰者看到B門沒有中獎。主持人向挑戰者表示：

「你可以維持原本的選擇，也可以改選C門。」此時挑戰者應該改變選擇嗎？**答案是「應該改變」。**下一單元會針對答案做詳細說明。

這是在美國的電視上播出的益智節目實際出現過的問題，因為節目主持人的名字而被稱為「蒙提·霍爾問題」（Monty Hall problem），在當時引發了各方論戰。

如何計算【狀況2】中「A中獎的機率」與「C中獎的機率」？

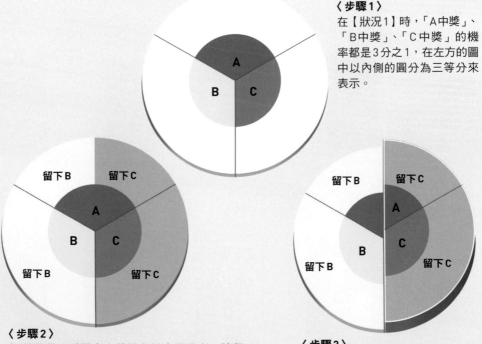

〈步驟1〉
在【狀況1】時，「A中獎」、「B中獎」、「C中獎」的機率都是3分之1，在左方的圖中以內側的圓分為三等分來表示。

〈步驟2〉
知道選哪一扇門會中獎的主持人要思考，該留下哪扇門不打開。如果「選A會中獎」，要留下B或C（選B或C的機率相等）。如果「選B會中獎」，一定得留下B；如果「選C會中獎」則一定得留下C。上方的圖將這三種狀況畫在了外側的圓。

〈步驟3〉
在【狀況2】中被留下來的是C（上方的圖加厚的部分），在此狀況下「選A會中獎」為3分之1，「選C會中獎」為3分2。編註

111

若將三扇門增加為五扇門……

問題雖然變得更複雜，但答案還是一樣

如果將門增加為五扇？

【狀況 1】挑戰者選擇 A 門

【狀況 2】主持人打開 B、C、D 門（留下 E 門）

上一單元三扇門遊戲中，既然已經知道B是沒中獎，剩下來的選項就只有A和C。或許很多人會認為，這兩扇門的中獎機率都是 $\frac{1}{2}$，因此改不改變選擇都是一樣的。但實際上選A中獎的機率是 $\frac{1}{3}$，選C中獎的機率是 $\frac{2}{3}$。

以下就來詳細說明。在加上主持人打開B門這項條件以前，A門中獎的機率是 $\frac{1}{3}$，沒中獎的機率是 $\frac{2}{3}$。換句話說，B或C門中獎的機率是 $\frac{2}{3}$ 這一點應該是無庸置疑。

接下來，主持人打開了B門，讓挑戰者知道B沒中獎。由於知道B和C是否有中獎的主持人排除了B，因此原本存在於B與C兩扇門的 $\frac{2}{3}$ 中獎機率，就全部移到了C門。**如此一來，C門的中獎機率成了 $\frac{2}{3}$，因此將選擇由A改為C會比較有利。**

對此見解提出異議的反對者中甚至還有數學博士。

如何計算【狀況2】中「A中獎的機率」與「E中獎的機率」？

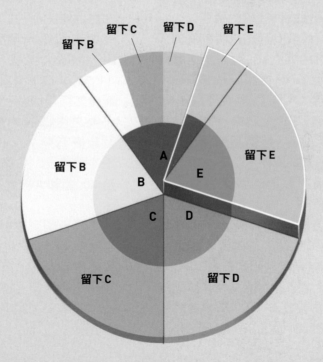

比照三扇門時，以相同的思考方式畫出上方的圖形。在主持人留下E的狀況中，「選A會中獎」為5分之1，「選E會中獎」為5分之4。

Coffee Break

擁有絕佳異性緣的你
該如何挑選對象？

相信應該有不少人正在煩惱是否該和目前的交往對象結婚，或是有過這樣的經驗。說不定之後會遇到比現在的交往對象更好的人，但也有可能不會遇到。**其實機率論可以為這類煩惱提供參考的指標。**

假設你擁有無法抵擋的魅力，一生之中有和100個人交往的機會。另外，只要和一個對象分手了，兩人今後就再也不會有往來。在這100人之中，最佳的結婚對象是A，**但你不知道A會是第幾個交往對象。**

如果要和第一個交往對象結婚，這個人就是A的機率非常低，只有 $\frac{1}{100}$（＝1％）。但就算等到第100個交往對象才結婚，能和A結婚的機率同樣是1％。

那要怎麼做才能將和A結婚的機率提到最高？以機率論來計算，在和37個人交往又分手後，如果遇到了比之前的37個交往對象都更有魅力的人，選在此時結婚是最佳的策略。**若遵循這項策略，和A結婚的機率將會是最高，達到37％。**

為了讓討論更符合現實，假設一生之中的交往對象為10人。

如果和第一個交往的對象結婚，這個人就是A的機率為 $\frac{1}{10}$（10％）。接下來採取的策略是，無論如何都與第一個對象分手，只要之後遇到的對象比第一個對象更有魅力，就與該對象結婚。這時候，如果第一個對象就是A，能和A結婚的機率就變成零了。

若第一個交往對象是次佳的B（機率 $\frac{1}{10}$），之後能遇到更好的人就只有A了，因此無論A是第幾個交往對象，都能和A結婚。這個機率可以用 $\{(\frac{1}{10}) \times (\frac{1}{1})\}$ 算出來。

表格第一列的「分手人數」是指「無論是怎樣的交往對象都要分手」的策略要持續到第幾個人。第二列的「機率」是指在對應第一列的人數分手後，若是出現比過去交往對象更有魅力的人，並與對方結婚時，該對象就是A（10個人之中最有魅力的異性）的機率。

與A成功結婚的機率
（能夠與10個人交往時）

分手人數	0人	1人	2人	3人	4人	5人	6人	7人	8人	9人
機率	10%	約28.3%	約36.6%	約39.9%	約39.8%	約37.3%	約32.7%	26.5%	18.9%	10%

　　若第一個交往對象是第三好的C（機率 $\frac{1}{10}$），之後只要A比B先出現（機率 $\frac{1}{2}$），就能夠與A結婚，機率是 $\{(\frac{1}{10}) \times (\frac{1}{2})\}$。

　　像這樣基於「與第一個交往對象分手，只要之後出現了比第一個對象更有魅力的人，就與這個人結婚」的策略計算下去，將能夠與A結婚的機率全部相加，大約是28.3%。

　　以相同方式進行計算，採取「和兩個人分手後再結婚」的策略能和A結婚的機率約為36.6%，和三個人分手的話約為39.9%，和四個人分手的話約為39.8，和五個人分手的話約為37.3%，和六個人分手的話約為32.7%……。**交往三～四人後，和A結婚的機率是最高的。**

5

機率的
應用

//

從氣象預報到遊戲、疾病的檢查等,「機率」
在現代社會中可說是無所不在。未來將扮演
人類社會關鍵角色的AI,也是在「機率」的
基礎上發展而來的。這一章就要來看機率在
各種情境中的應用。

氣象預報與機率的重要關係

完美預測大氣的狀態是不可能的事

今天的天氣是？

氣象預報是根據龐大的大氣觀測數據計算未來的大氣狀態，藉此做出機率性的預測。若預報降雨機率為30%，代表的是100次相同的預報之中會有30次發生1公釐以上的降雨。^{編註}此外，降雨機率0%其實是表示「未達5%」（因為採四捨五入）。

編註：根據臺灣氣象署公告，降水機率是指各預報區未來36小時內的3個時段（每12小時為1時段），出現0.1公釐或以上的降水機會，和降水時間及面積無關。

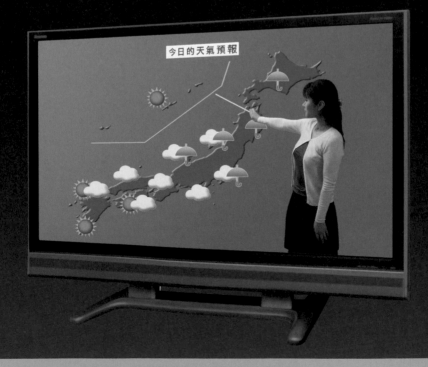

今日的天氣預報

我們每天看到的氣象預報其實是機率計算的結果。

氣象預報會根據各種觀測取得的數據，使用電腦計算10分鐘後的大氣狀況，然後根據此結果計算再下一個10分鐘的後的狀況，不斷重複下去。今天、明天、後天、一週後的大氣狀況（也就是天氣）便是這樣計算出來的（這裡指的是短期預報）。

但事實上要完全掌握大氣的狀況、進行計算是不可能的。 此外，大氣具有只要條件稍有不同，就會往完全不同狀況發展的「混沌」性質。

因此氣象預報必須以機率性的方式來表現。例如，「降雨機率30%」代表的意思是若做出100次相同的預報，會有約30次發生1公釐以上的降雨。**時間距離現在越遠（長期預報），計算的可靠度就會越低。**

日本氣象廳發布的氣象預報準確度

下方圖表是日本氣象廳所發布的「雨」、「陰短暫雨」等降水相關預報的準確度（12個月的平均值）變化。藍色為預報隔天天氣的準確度平均值，紅色為預報三天後～七天後天氣的準確度平均值。

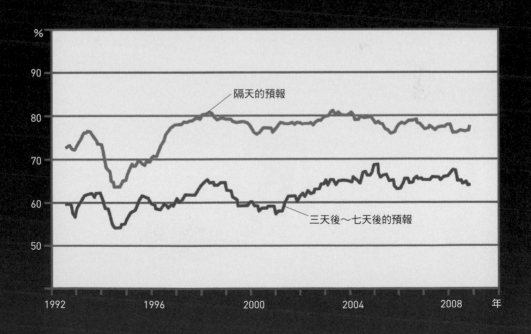

用機率表示「醉漢走路」

機率能幫助處理難以預測的行為

什麼是隨機漫步？

下方的圖描繪的是一名喝醉酒的人以路燈為出發點亂步行走，這正是一種隨機漫步。在積雪的地上留下的足跡便是隨機漫步的軌跡。

至於醉漢與路燈的平均距離則與步數的平方根成正比。例如，步伐為0.5m的話，直線前進走100步時與路燈的距離為50m。但如果是隨機漫步，則是平均$0.5 \times \sqrt{100} = 5$m。

有些讀者或許聽過「隨機漫步」（random walk）這個名詞，這是一種以機率表現粒子隨意往各種方向移動之行為的模型，也稱為「醉步」或「亂步」。這的確很像是喝醉酒的人腳步不穩，東倒西歪跟蹌行走的樣子。

隨機漫步是分析現實世界中不規則，而且無法預測的現象時相當實用的工具。

為了簡化說明，以下僅討論粒子在直線上的移動。假設位在原點（0的位置）的醉漢（粒子）往右移動一步的機率與往左移動一步的機率都是 $\frac{1}{2}$，第二步往右或左的機率同樣是 $\frac{1}{2}$。這樣不斷重複下去的話，醉漢會隨著時間的經過持續不規則的移動。

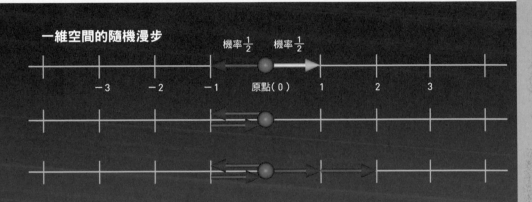

一維空間的隨機漫步

機率 $\frac{1}{2}$　機率 $\frac{1}{2}$

−3　−2　−1　原點（0）　1　2　3

二維空間的隨機漫步

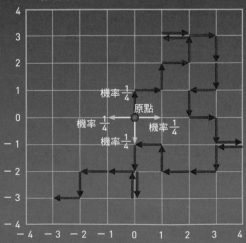

機率 $\frac{1}{4}$

原點

機率 $\frac{1}{4}$　機率 $\frac{1}{4}$

機率 $\frac{1}{4}$

上方的圖是在一維空間的數線上進行隨機漫步。往右與往左的機率都是 $\frac{1}{2}$，每次移動一步（一個刻度）。

左方則是在二維空間的平面上隨機漫步的圖形。往上下左右四個方向移動的機率各為 $\frac{1}{4}$，每次移動一步。這裡雖然沒有畫出來，但在三維空間中同樣會有隨機漫步。

物質及熱的擴散
同樣能用機率論預測

自然現象中也潛藏著機率

微粒子會進行不規則的布朗運動

下方的圖所表現的便是布朗運動（Brownian motion）。布朗運動是英國植物學家布朗（Robert Brown，1773～1858）在1827年用顯微鏡觀察在水面上不規則運動的微粒子（從花粉迸裂出來）時發現的現象。這是水分子等液體分子不規則撞擊微粒子所引起的。機率對於理解布朗運動也很有幫助。

1.

2.

3.

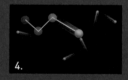

4.

布朗運動與隨機漫步

微粒子之所以移動，是因為遭周圍的水分子撞擊而彈開。上方的1～4表現了粒子進行布朗運動的景象。前一單元介紹隨機漫步時已經先設定了移動方向（例如沿著格線往前、後、左、右四個方向移動），但布朗運動有可能往所有方向移動。另外，隨機漫步將踏出「下一步」的時機、「步伐大小」也都假設為相等間隔，但布朗運動是不規則的。

右圖是進行布朗運動的微粒子軌跡的示意圖。

微粒子的軌跡

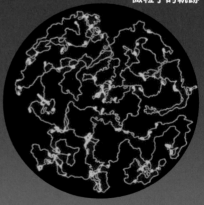

現實的自然現象也存在與隨機漫步相似的模式。水分子撞擊微粒子，使得微粒子以大小不一的力道往各種方向飛散的「布朗運動」便是一個例子。

「擴散」現象也與隨機漫步十分相似。例如，墨水滴入水中就算不攪拌也會散開來。如果觀察每一個墨水分子，會發現與布朗運動相同的現象。**我們無法預測個別的墨水分子會如何移動，但可以根據機率論預測無數個分子隨機移動時最容易產生什麼樣的結果（墨水在水中散開的方式）。**熱的擴散等現象也可以透過相同的思維加以理解。

由此可知，除了遊戲或賭博以外，機率論其實與我們身邊的各種現象也有密不可分的關係。

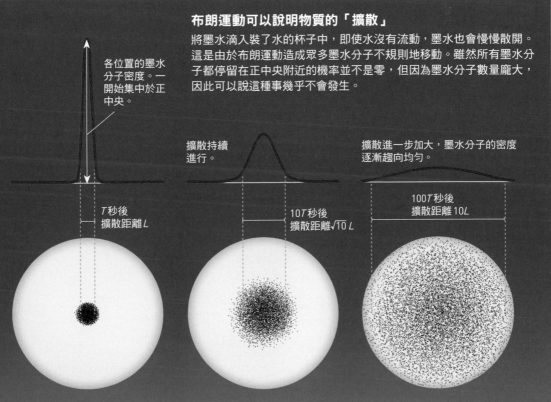

布朗運動可以說明物質的「擴散」

將墨水滴入裝了水的杯子中，即使水沒有流動，墨水也會慢慢散開。這是由於布朗運動造成眾多墨水分子不規則地移動。雖然所有墨水分子都停留在正中央附近的機率並不是零，但因為墨水分子數量龐大，因此可以說這種事幾乎不會發生。

各位置的墨水分子密度。一開始集中於正中央。

擴散持續進行。

擴散進一步加大，墨水分子的密度逐漸趨向均勻。

T秒後
擴散距離L

$10T$秒後
擴散距離$\sqrt{10}\,L$

$100T$秒後
擴散距離$10L$

目前已知當布朗運動造成粒子擴散時，各個粒子的平均移動距離與經過時間的平方根成正比。例如，若經過T秒會擴散L的距離，可以預測在過了100倍的$100T$秒後，會擴散至$\sqrt{100}=10$倍，也就是$10L$的距離。

開發遊戲或AI 會用到亂數

骰子就是一種最常見的「亂數產生器」

用骰子求出圓周率的值

準備三顆不同顏色的亂數骰子,假設以紅色骰子的點數當作小數點後第一位,黃色骰子的點數當作小數點後第二位,綠色骰子的點數當作小數點後第三位,就能產生從0.000至0.999的三位亂數。右方介紹了使用這種三位亂數求出圓周率 π 值的方法。這是蒙地卡羅方法最單純的應用範例。

亂數骰子
(正20面體骰子)

步驟1

擲三個亂數骰子兩次,產生兩個三位的亂數。

1 0 3 → 0.103

7 8 2 → 0.782

步驟2

將這兩個亂數標示於 xy 座標上形成1個點。

$$(x, y) = (0.103, 0.782)$$

步驟3

不斷重複這個過程,畫出許多個點。

步驟4

所標示的點都會落在邊長為1的正方形內。正方形的面積為1。若在這個正方形上畫半徑為1的扇形,半徑為1的圓面積則為半徑×半徑× π =1×1× π = π ,這個4分之1圓的扇形面積便是 $\frac{\pi}{4}$,扇形面積與正方形面積1的比例= $\frac{\pi}{4}$

步驟5

使用亂數骰子依上述步驟在正方形內畫上點,點在扇形內的機率為 $\frac{\pi}{4}$ 。持續增加點的數量,並實際計算扇形內的點所佔比例的話,計算出來的值會逐漸接近 $\frac{\pi}{4}$ 。由此便能求出 π 的值。

亂數是指「與下一個出現的數字之間毫無規則可言的數字」。也就是完全不知道接下來會出現什麼數字。

骰子就是一種製造出1至6之間亂數的亂數產生器。如果骰子的點數並非隨機，而是能事先知道接下來會出現什麼點數的話，許多遊戲都會玩不下去。將正20面體的每一面分別寫上0至9的數字兩次，就成了可以製造出0至9之間亂數的亂數產生器。這叫作「亂數骰子」。

玩賓果或抽獎使用的抽籤器、賭博使用的輪盤等也都是亂數產生器。電玩遊戲為了讓敵方角色的動作不要過於單調，也會使用亂數。

進行科學研究及開發人工智慧（AI）同樣會用到亂數。最具代表性的例子便是「蒙地卡羅方法」（Monte Carlo method）編註。下方的圖會說明如何使用蒙地卡羅方法求出圓周率 π。

編註：蒙地卡羅方法又稱為統計類比方法，是一種以概率統計理論為指導的數值計算方法，使用隨機數來解決很多計算問題。

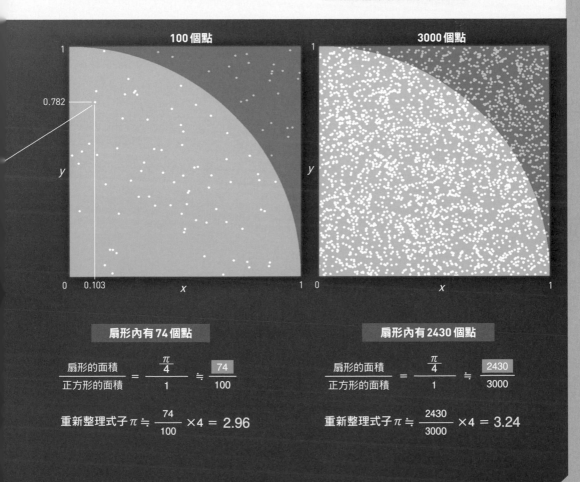

100 個點

3000 個點

扇形內有74個點

$$\frac{扇形的面積}{正方形的面積} = \frac{\frac{\pi}{4}}{1} \fallingdotseq \frac{74}{100}$$

重新整理式子 $\pi \fallingdotseq \frac{74}{100} \times 4 = 2.96$

扇形內有2430個點

$$\frac{扇形的面積}{正方形的面積} = \frac{\frac{\pi}{4}}{1} \fallingdotseq \frac{2430}{3000}$$

重新整理式子 $\pi \fallingdotseq \frac{2430}{3000} \times 4 = 3.24$

對於「隨機」的誤解

我們往往想要在隨機中找出「有意義的規則」

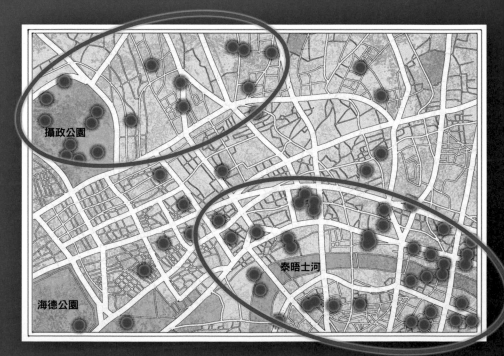

敵人瞄準了特定地區攻擊？

上方是倫敦市中心的地圖，紅色記號標出了德軍使用V-1飛彈進行轟炸的彈著點。雖然以橢圓形圈起來的地方看似彈著點較多，其他地方較為安全，但其實當時的V-1飛彈並沒有如此高的準確度。後來針對更大範圍進行分析後發現，彈著點是隨機分布的。

圖為參考Johnson, D. (1982) "V-1 V-2:Hitler's vengeance on London"之圖繪製而成。

如果同一件事一直發生的話，我們通常會覺得這並不是隨機、巧合而已。這稱為「集群錯覺」（clustering illusion）。

其中一個有名的例子就是第二次世界大戰末期時，德軍對倫敦進行的空襲。由於各個地區的飛彈彈著密度並不相同，因而引起了部分倫敦市民的恐慌，認為「德軍的飛彈可以瞄準特定地區攻擊」（左頁圖）。但後來的分析發現，彈著點是隨機分布的。**我們往往會試圖從一件件隨機發生的事件中找出看似有意義的規則。**

當被問到下方的兩張圖，哪一張的點是隨機分布時，許多人都回答「左邊的是隨機分布」。但事實上，左邊的圖是刻意畫成不要讓點重疊在一起，右邊的圖才是隨機分布。**由於左邊的圖難以解讀出看似有意義的規則，因此容易被判斷成「更具隨機性」。**編註

編註：數位音樂播放器和音樂串流服務的「亂序重播」（隨機選曲），就是利用人類直觀所容易陷入的錯覺，來表現出「更自然的隨機」，刻意減少隨機性，不容易連續選到某個特定歌手的歌。

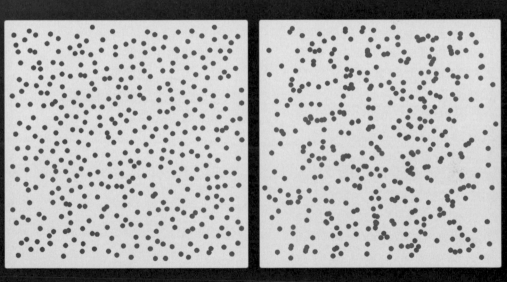

哪一邊是隨機分布？

左邊的圖其實是刻意畫成不要讓點重疊在一起，右圖的點反而是以亂數決定，隨機分布的。古爾德（Stephen Jay Gould，1941～2002）在著作《幹得好！雷龍：自然史的反思》（*Bully for Brontosaurus: Reflections in Natural History*）中曾舉出類似的圖，闡述人有在隨機分布的點中尋找規則的傾向。心理學也經常研究這種錯覺，並應用在從人類心理分析經濟現象的「行為經濟學」。

圓周率 π 是亂數嗎？

假設你是寫遊戲程式的工程師，為了不被玩家預測到內容，因此遊戲中敵方角色的動作是使用亂數來決定。你想到，可以使用圓周率讓電腦迅速產生由 0 至 9 的亂數。

計算圓周率（$\pi = 3.141592\cdots\cdots$）時，小數點以下的數字會無限延續下去。這些數字的排列並沒有被發現任何規律性。**圓周率的數字排列究竟能不能說是亂數呢？**

「容易擲出 1 的骰子」不適合用來產生亂數。相同的道理，亂數必須要每個數字出現的頻率相同（機率相同）才行。那麼圓周率的數字符合這一點嗎？

曾有研究實際比較圓周率的小數點以下五兆位中[編註]，0 至 9 等數字出現的次數。結果發現，出現最多次的是「8」，最少次的則是「6」。**但兩者之間的差距微小到幾乎可以忽略，因此可以視為 0 至 9 出現的頻率幾乎是一樣的。**

所以我們可以斷定，圓周率的數字不管到多少位，0 至 9 的出現頻率都沒有差別嗎？數學上將小數點後的數字中，0 至 9 的出現機率均等的數字稱為「正規數」（normal number）。至於圓周率及 2 的平方根（$1.414\cdots\cdots$）是否為正規數，仍然是一個未解的謎題。**因此，圓周率及 2 的平方根在小數點後的數字是否真的是亂數依舊不得而知。**

編註：2022 年 6 月 8 日，Google 雲端平台的開發人員艾瑪（Emma Haruka Iwao）利用 Google 的雲端運算服務，耗時 157 天、使用約 515TB 的容量，算出圓周率小數點後第 100 兆位。

π =
3.41592……

上方的圖將圓周率小數點後五萬位的數字，依 0 至 9 給每個數字標上了不同顏色，0 是紅色、1 是藍色……等。某些地方雖然可以看出特定數字出現頻率較高，但這可以看作隨機產生的自然偏差。

有99%的機率判斷出犯人的AI

機率會因為母體數量不同而大大改變

貝氏統計

由於貝氏統計具有允許使用「主觀」資訊等曖昧模糊的空間,因此曾遭受傳統的統計學家嚴厲批判,認為是「不嚴謹的數學」。但進入20世紀後,正因為具有曖昧模糊的特性,反而使得貝氏統計能夠應用在許多方面。

這個人是犯人

50 個人有嫌疑?

5 萬個人有嫌疑?

假設有一個AI在某個人的確是犯人時，有99%的機率能正確判定這個人是「犯人」；若不是犯人的話，也有99%的機率能判定「不是犯人」。若這個AI在某起案件中判定X是犯人，那麼X真的是犯人的機率為多少？

或許你會認為X有99%的機率是犯人，但實際上並非如此。這個機率會隨有嫌疑的人數多寡而大不相同。

假設發生了某起案件，犯人為1人，有涉案嫌疑的則有50人。當AI判定X為犯人時，若使用貝氏定理（Bayes' theorem）[編註]計算X實際上真的是犯人的機率，結果大約是67%（見下方解說）。由於犯人以外的49個人每個人都有1%的機率被AI判定為犯人，因此使得X是犯人的機率變小了。

如果是5萬個人有嫌疑的話，機率則只有約0.2%，變得微乎其微。

編註：貝氏定理公式：事後機率$P(A|B)$＝事前機率$P(A)$×概度$P(B|A)$/全機率$P(B)$

問題：當AI判定X是犯人時，
X確實是犯人的機率為多少？

①50個人有嫌疑時

犯人是50個人中的一個，因此「在AI判定前X是犯人的機率」為P（犯人）＝0.02，「X是真正的犯人，且被判定為犯人的機率」是P（判定｜犯人）＝0.99。「AI判定X是犯人的機率P（判定）」為「確實是犯人，且被判定為犯人的機率」與「不是犯人，但被判定為犯人的機率」之合計。前者為0.02×0.99，後者為0.98×0.01，因此P（判定）＝0.0296。若將貝氏定理套入以上計算，便是

$$P(犯人｜判定) = \frac{P(犯人) \times P(判定｜犯人)}{P(判定)} = \frac{0.02 \times 0.99}{0.0296} = 0.668\cdots$$
$$=約67\%$$

②5萬個人有嫌疑時

犯人是5萬個人中的一個，P（犯人）＝0.00002。「X是真正的犯人，且被判定為犯人的機率」是P（判定｜犯人）＝0.99。「確實是犯人，且被判定為犯人的機率」為0.00002×0.99，「不是犯人，但被判定為犯人的機率」則為0.99998×0.01，「X被判定為犯人的機率P（判定）」是這兩者的合計，因此機率P（判定）＝0.0100196。若將貝氏定理套入以上計算，便是

$$P(犯人｜判定) = \frac{P(犯人) \times P(判定｜犯人)}{P(判定)} = \frac{0.00002 \times 0.99}{0.0100196} = 0.00197\cdots$$
$$=約0.2\%$$

「準確度99%驗出的陽性」代表的真正意義

若篩檢對象人數眾多，就算只有1%的誤判數量也很可觀

假設出現了類似新冠肺炎的新種類病毒，1萬人之中有1人會感染。你去進行篩檢時，醫師說明：「篩檢的準確度為99%，有1%的可能誤判。」不幸的是，你的篩檢結果顯示「陽性（感染）」。

既然醫師這樣說明，你應該也會認為自己肯定感染了病毒。但其實不用太快感到悲觀。

先假設有100萬人接受了篩檢。病毒的感染比例為1萬人之中有1人，因此100萬人中共有100名感染者。準確度99%的篩檢在這100名感染者中，平均可以正確判定99人為「陽性」。但剩下的1人會被誤判為「陰性」，**這叫作「偽陰性」。**

陰性
98萬9901人

「準確度99%」的篩檢在99萬9900名未感染者中，可以正確判定出98萬9901人為「陰性」，有9999人會被判定為「陽性（偽陽性）」。

如果是1萬人中只有1人感染，尚未大流行的疾病

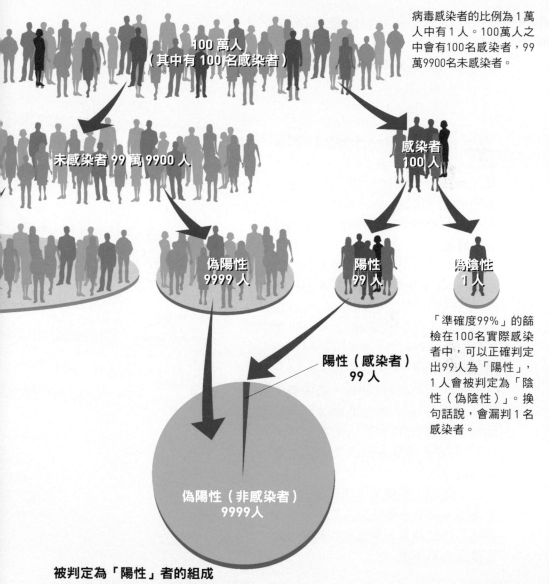

病毒感染者的比例為1萬人中有1人。100萬人之中會有100名感染者，99萬9900名未感染者。

100 萬人
（其中有 100 名感染者）

未感染者 99 萬 9900 人

感染者
100 人

偽陽性
9999 人

陽性
99 人

偽陰性
1 人

陽性（感染者）
99 人

「準確度99%」的篩檢在100名實際感染者中，可以正確判定出99人為「陽性」，1人會被判定為「陰性（偽陰性）」。換句話說，會漏判1名感染者。

偽陽性（非感染者）
9999人

被判定為「陽性」者的組成

被判定為陽性的10098人（9999人偽陽性＋99人陽性）之中，未感染者為9999人，實際感染者只有99人（1%）。因此，只憑篩檢結果為陽性就認定是感染了病毒還言之過早。這10098人必須再進行其他檢查，以縮小範圍找出實際感染者。

若針對大流行的疾病 進行準確度99%的篩檢

疾病的流行程度會影響篩檢呈陽性的人之中 感染者所佔的比例

上一單元介紹的例子中，100萬人裡有99萬9900名未感染者。準確度99%的篩檢可以正確判定出98萬9901人是「陰性」，但有9999人會被誤判為「陽性」，**這叫作「偽陽性」。**

由此可知，即使篩檢判定為「陽性」，也不能斷定是感染了病毒。因為這僅僅代表接受篩檢前原本為0.01%（1萬人之中有1人）的機率，由於接受篩檢、被判定為陽性而增加成了1%（100人之中有1人）。

那麼，如果針對100萬人之中有半數人感染的疾病進行準確度99%的篩檢，會有5000人是偽陽性，49萬5000人被正確判定為陽性，此時是後者較多。

由此可知，同樣是「準確度99%」的篩檢，篩檢呈陽性的人之中有多少是真正的感染者，會因為疾病的流行程度而大不相同。

「準確度99%」的篩檢在50萬名未感染者中，可以正確判定出49萬5000人為「陰性」，有5000人會被判定為「陽性（偽陽性）」。

每兩人中就有一人感染，已經大流行的疾病

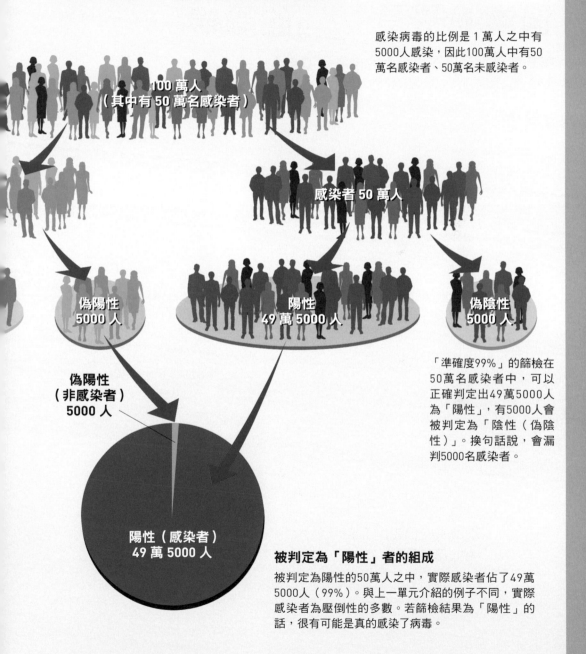

感染病毒的比例是1萬人之中有5000人感染，因此100萬人中有50萬名感染者、50萬名未感染者。

100 萬人
（其中有 50 萬名感染者）

感染者 50 萬人

偽陽性
5000 人

陽性
49 萬 5000 人

偽陰性
5000 人

偽陽性
（非感染者）
5000 人

「準確度99%」的篩檢在50萬名感染者中，可以正確判定出49萬5000人為「陽性」，有5000人會被判定為「陰性（偽陰性）」。換句話說，會漏判5000名感染者。

陽性（感染者）
49 萬 5000 人

被判定為「陽性」者的組成

被判定為陽性的50萬人之中，實際感染者佔了49萬5000人（99%）。與上一單元介紹的例子不同，實際感染者為壓倒性的多數。若篩檢結果為「陽性」的話，很有可能是真的感染了病毒。

機率也可以用來過濾垃圾信

貝氏統計還應用在垃圾信的自動過濾等

〃〃〃〃〃〃〃〃〃〃〃〃〃〃〃〃〃〃〃〃〃〃〃〃〃〃〃〃

當抽出來的球是紅球時，這顆球是從A箱抽出的機率是？

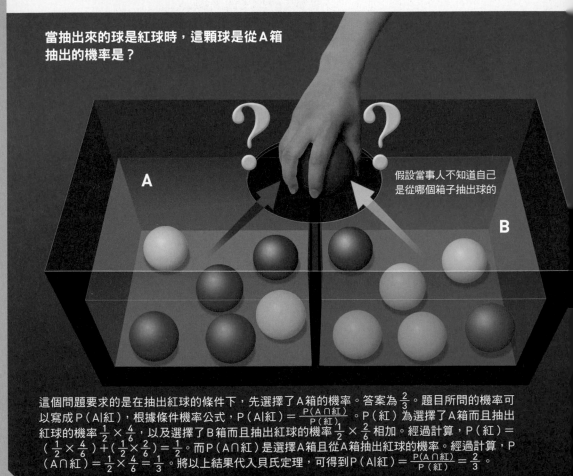

A

假設當事人不知道自己是從哪個箱子抽出球的

B

這個問題要求的是在抽出紅球的條件下，先選擇了A箱的機率。答案為 $\frac{2}{3}$。題目所問的機率可以寫成 P（A|紅），根據條件機率公式，P（A|紅）＝$\frac{P(A\cap紅)}{P(紅)}$。P（紅）為選擇了A箱而且抽出紅球的機率 $\frac{1}{2}\times\frac{4}{6}$，以及選擇了B箱而抽出紅球的機率 $\frac{1}{2}\times\frac{2}{6}$ 相加。經過計算，P（紅）＝（$\frac{1}{2}\times\frac{4}{6}$）＋（$\frac{1}{2}\times\frac{2}{6}$）＝$\frac{1}{2}$。而P（A∩紅）是選擇A箱且從A箱抽出紅球的機率。經過計算，P（A∩紅）＝$\frac{1}{2}\times\frac{4}{6}$＝$\frac{1}{3}$。將以上結果代入貝氏定理，可得到P（A|紅）＝$\frac{P(A\cap紅)}{P(紅)}$＝$\frac{2}{3}$。

假設有Ａ與Ｂ兩個箱子，Ａ箱中有４顆紅球與２顆藍球，Ｂ箱中有２顆紅球與４顆藍球。任意選擇Ａ或Ｂ其中一個箱子抽球，結果抽出的是紅球。若不考慮球的顏色，球是從Ａ箱抽出來的機率為 $\frac{1}{2}$。但由於加上了「球是紅色」這項資訊，機率因此變化為 $\frac{2}{3}$。

相同的觀念也可以用來過濾垃圾信。這就和抽球問題一樣，用Ａ、Ｂ兩個箱子來思考。Ａ箱是「垃圾信寄件者使用的詞彙」，Ｂ箱是「一般寄件者使用的詞彙」。過濾功能會搜尋收到的信件內使用的詞彙，並**根據事先計算的「危險程度」，判斷各個詞彙是否為垃圾信常使用的詞彙。信件中如果有越多「危險程度」高的詞彙，該信件是從Ａ箱寄出的可能性就越高。**

編註：利用貝氏定理從結果推測出肇因的統計學，稱為「貝氏統計」；在貝氏統計中增加新的資料（條件），機率會隨著條件增加而不斷的「更新」，稱為「貝氏更新」（Bayesian updating）。每增加一個用詞時，是否為垃圾信件的機率也隨之改變（更新）。

信件中有許多「危險程度」高的詞彙時，這封信是由垃圾信寄件者寄來的機率是？

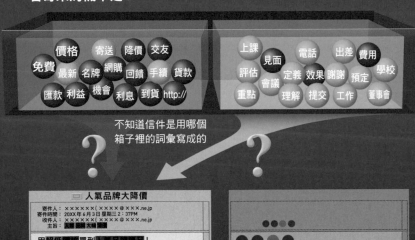

不知道信件是用哪個箱子裡的詞彙寫成的

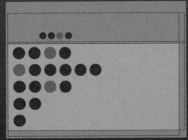

開啟信件前，過濾功能就會自動搜尋信件中使用的詞彙。

加上了各個詞彙的「危險程度」這項條件後，會以機率原理計算這封信件中的詞彙群是來自Ａ箱還是Ｂ箱。若來自Ａ箱的機率（垃圾信的機率）超過設定值，就會自動判定為垃圾信。

Ａ箱是垃圾信寄件者會使用的詞彙。每個詞彙各有不同的「危險程度」，這是根據過去的信件數據計算出來的，代表被使用於垃圾信的機率高低。圖中以紅球代表危險程度高的詞彙，藍球代表危險程度低的詞彙。Ａ箱中的詞彙紅球（危險程度高的詞彙）比例較高，一般寄件者使用的Ｂ箱則是藍球（危險程度低的詞彙）的比例較高。

統計和機率有何不同？

高中數學有時會將統計和機率放在一起教[編註]，因此常有人搞混這兩者。統計和機率到底有什麼不一樣？

　　統計是調查現實世界中實際發生的事，或是現實世界中民眾的行為、特徵等，加以數值化、數據化，並進行數學分析，藉此了解能從中觀察出什麼。政府進行的各種調查、報紙雜誌等進行的民調、電視的收視率、問卷調查的結果等都屬於統計。

　　機率則是針對尚未發生的未來事件，以數學方式計算、預測事件發生的確定性有多高。骰子、輪盤的點數是最典型的例子，但有些機率是根據統計資料計算出來的，例如降雨機率便是。

編註：根據臺灣十二年國教99課綱，機率與統計在6冊高中數學裡所占的比率約20%。

後記

「機率」的介紹就到此告一段落，各位讀者是否有所收穫呢？

相信大家應該透過本書看到了撲克牌、遊戲、賭博等，生活中各種場合出現的機率令人意想不到的一面。

我們往往在經過客觀分析後才會發現，許多憑直覺判斷而深信不疑的事，其機率其實和自己的認知相去甚遠。若能學會正確的機率觀念，就能更冷靜、有所根據地做出選擇、判斷。

另外，讀了本書之後，你是否覺得機率這門學問不僅實用，也十分有趣呢？希望大家能因此對機率產生更多興趣。

第一碼「主題代碼」：N（數與量）、S（空間與形狀）、G（坐標幾何）、R（關係）、A（代數）、F（函數）、D（資料與不確定性）。
其中R為國小專用，國中、高中轉為A和F。

第二碼「年級代碼」：7至12年級，11年級分11A、11B兩類，12年級選修課程分12甲、12乙兩類。

第三碼「流水號」：學習內容的阿拉伯數字流水號。

頁碼	單元名稱	階段/科目	十二年國教課綱數學領域學習內容架構表
010	飛機上的300名乘客中有醫師的機率	國中/數學	D-9-2 **認識機率**：機率的意義。
		高中/數學	D-11A-1 **客觀機率**：根據已知的數據獲得客觀機率。
012	一年之中被雷擊中的機率	高中/數學	D-11A-1 **客觀機率**：根據已知的數據獲得客觀機率。
014	因隕石撞擊地球而死的機率	高中/數學	D-11A-1 **客觀機率**：根據已知的數據獲得客觀機率。
016	一年之中遇到火災的機率	高中/數學	D-11A-1 **客觀機率**：根據已知的數據獲得客觀機率。
018	1億3700萬分之1的奇蹟	國中/數學	D-9-2 **認識機率**：機率的意義。 D-9-3 **古典機率**：探究具有對稱性的情境下之機率。
020	擲硬幣1000次	國中/數學	D-9-2 **認識機率**：機率的意義。 D-9-3 **古典機率**：探究具有對稱性的情境下（銅板等）之機率。
		高中/數學	D-11A-1 **客觀機率**：根據已知的數據獲得客觀機率。
022	擲硬幣無限多次，正反面的比例會是1/2	國中/數學	D-9-2 **認識機率**：機率的意義。 D-9-3 **古典機率**：探究具有對稱性的情境下（銅板等）之機率。
		高中/數學	D-11A-1 **客觀機率**：根據已知的數據獲得客觀機率。
024	認識機率的基本用語①	高中/數學	D-10-4 **複合事件的古典機率**：樣本空間與事件，複合事件的古典機率性質。 D-10-1 **集合**：集合的表示法，宇集、空集、子集。
026	認識機率的基本用語②	高中/數學	D-10-1 **集合**：集合的表示法，交集、聯集、餘集。
028	計算機率前要建立的基本觀念	國中/數學	D-9-2 **認識機率**：機率的意義。 D-9-3 **古典機率**：探究具有對稱性的情境下（骰子等）之機率。
		高中/數學	D-10-4 **複合事件的古典機率**：樣本空間與事件，複合事件的古典機率性質。
030	學習機率不可不知的重點整理	國中/數學	D-9-2 **認識機率**：機率的意義。
		高中/數學	D-10-1 **集合**：集合的表示法，交集、聯集、餘集。 D-10-3 **有系統的計數**：乘法原理。直線排列與組合。 D-10-4 **複合事件的古典機率**：樣本空間與事件，複合事件的古典機率性質，期望值。
032	撲克牌的排列方式多到超乎想像	高中/數學	D-10-3 **有系統的計數**：乘法原理，直線排列與組合。
036	九名棒球選手能排出多少種打序？	高中/數學	D-10-3 **有系統的計數**：乘法原理，直線排列與組合。
038	三顆骰子合計最容易出現多少點？	高中/數學	D-10-3 **有系統的計數**：加法原理，直線排列與組合。
040	「排列」與「組合」的不同	高中/數學	D-10-3 **有系統的計數**：加法原理，乘法原理。直線排列與組合。
042	所有可能狀況有辦法用數的嗎？	國中/數學	D-9-3 **古典機率**：探究具有對稱性的情境下（骰子等）之機率。
		高中/數學	D-10-3 **有系統的計數**：加法原理，乘法原理。直線排列與組合。 D-10-4 **複合事件的古典機率**：樣本空間與事件，複合事件的古典機率性質。
044	從十人之中選出四人負責打掃	高中/數學	D-10-3 **有系統的計數**：乘法原理，直線排列與組合。
046	會有多少個長方形？	高中/數學	D-10-3 **有系統的計數**：乘法原理，直線排列與組合。

048	怎樣分配賭注才公平？	高中/數學	D-10-3 **有系統的計數**：加法原理，乘法原理。直線排列與組合。
050	計算更複雜一點的機率問題	高中/數學	D-10-3 **有系統的計數**：加法原理，乘法原理。直線排列與組合。
052	抽籤在第幾個抽比較有利？	高中/數學	D-10-3 **有系統的計數**：乘法原理，直線排列與組合。
054	手遊抽卡並不保證一定中大獎	高中/數學	D-10-3 **有系統的計數**：乘法原理。
056	應屆考上大學的機率是？	高中/數學	D-10-3 **有系統的計數**：加法原理，乘法原理。
058	進一步探討骰子問題①	國中/數學	D-9-3 **古典機率**：探究具有對稱性的情境下（骰子等）之機率。
		高中/數學	D-10-3 **有系統的計數**：加法原理，乘法原理。直線排列與組合。 D-10-4 **複合事件的古典機率**：樣本空間與事件，複合事件的古典機率性質。
060	進一步探討骰子問題②	國中/數學	D-9-3 **古典機率**：探究具有對稱性的情境下（骰子等）之機率。
		高中/數學	D-10-3 **有系統的計數**：加法原理，乘法原理。直線排列與組合。 D-10-4 **複合事件的古典機率**：樣本空間與事件，複合事件的古典機率性質。
062	不會同時發生的事件如何計算機率	高中/數學	D-10-1 **集合**：集合的表示法，空集、子集、交集、聯集、餘集，屬於和包含關係。 D-10-3 **有系統的計數**：加法原理，取捨原理。 D-10-4 **複合事件的古典機率**：樣本空間與事件，複合事件的古典機率性質。
064	運用「加法原理」計算機率	高中/數學	D-10-1 **集合**：集合的表示法，宇集、空集、交集、聯集。 D-10-3 **有系統的計數**：加法原理，取捨原理。 D-10-4 **複合事件的古典機率**：樣本空間與事件，複合事件的古典機率性質。
066	兩個人一起出牌時完全不會出到相同點數的機率	高中/數學	D-10-1 **集合**：集合的表示法，空集、交集、聯集。 D-10-3 **有系統的計數**：加法原理，取捨原理。 D-10-4 **複合事件的古典機率**：複合事件的古典機率性質。
068	五個人成功交換禮物的機率	高中/數學	D-10-3 **有系統的計數**：乘法原理，直線排列與組合。
072	無法預測的事可以用「期望值」幫助判斷	高中/數學	D-10-3 **有系統的計數**：加法原理，乘法原理。 D-10-4 **複合事件的古典機率**：複合事件的古典機率性質，期望值。
074	就算規則變複雜了，還是能計算期望值	高中/數學	D-10-3 **有系統的計數**：加法原理，乘法原理。 D-10-4 **複合事件的古典機率**：複合事件的古典機率性質，期望值。
076	為何賭博會越賭越虧？	國中/數學	D-9-2 **認識機率**：機率的意義。 D-9-3 **古典機率**：探究具有對稱性的情境下（骰子等）之機率。
078	賭輪盤之所以輸錢的原因	高中/數學	D-10-4 **複合事件的古典機率**：複合事件的古典機率性質，期望值。
080	真有所謂的賭運嗎？	高中/數學	D-10-4 **複合事件的古典機率**：複合事件的古典機率性質，期望值。
082	彩券的期望值是多少？	高中/數學	D-10-4 **複合事件的古典機率**：複合事件的古典機率性質，期望值。
084	哪種彩券比較值得買？	高中/數學	D-10-4 **複合事件的古典機率**：複合事件的古典機率性質，期望值。
086	三星彩、四星彩有必勝方法嗎？	高中/數學	D-10-4 **複合事件的古典機率**：複合事件的古典機率性質，期望值。
088	20筆消費中有一筆全額退還，划算嗎？	高中/數學	D-10-4 **複合事件的古典機率**：複合事件的古典機率性質，期望值。
090	有什麼賭博是穩賺不賠的嗎？	高中/數學	D-10-4 **複合事件的古典機率**：複合事件的古典機率性質，期望值。
092	職業梭哈玩家厲害在哪裡？	國中/數學	D-9-3 **古典機率**：探究具有對稱性的情境下（撲克牌等）之機率。
		高中/數學	D-10-3 **有系統的計數**：加法原理，乘法原理。直線排列與組合。 D-10-4 **複合事件的古典機率**：樣本空間與事件，複合事件的古典機率性質。

094	不管參加費是多少都值得參加嗎？	高中/數學	D-10-4 **複合事件的古典機率**：複合事件的古典機率性質，期望值。
096	憑藉理論在賭博中贏錢的案例	國中/數學	D-9-3 **古典機率**：探究具有對稱性的情境下（銅板等）之機率。
		高中/數學	D-10-4 **複合事件的古典機率**：複合事件的古典機率性質，期望值。
100	班上有兩個人生日同一天很不可思議嗎？	高中/數學	D-10-3 **有系統的計數**：乘法原理，取捨原理。直線排列與組合。
102	日本職棒總軍賽會打到第七場嗎？	高中/數學	D-10-3 **有系統的計數**：加法原理，乘法原理。直線排列與組合。
104	條件及資訊會改變機率	高中/數學	D-10-4 **複合事件的古典機率**：複合事件的古典機率性質。 D-11A-2 **條件機率**：條件機率的意涵及其應用，事件的獨立性及其應用。
106	一個小孩是男生，名字叫作「健」。另一個小孩也是男生的機率是？	高中/數學	D-10-4 **複合事件的古典機率**：複合事件的古典機率性質。 D-11A-2 **條件機率**：條件機率的意涵及其應用，事件的獨立性及其應用。
108	條件的些微變化會改變計算時考慮的範圍	高中/數學	D-10-4 **複合事件的古典機率**：複合事件的古典機率性質。 D-11A-2 **條件機率**：條件機率的意涵及其應用，事件的獨立性及其應用。
110	引發各種爭論的「蒙提・霍爾問題」	高中/數學	D-11A-2 **條件機率**：條件機率的意涵及其應用，事件的獨立性及其應用。
112	若將三扇門增加為五扇門……	高中/數學	D-11A-2 **條件機率**：條件機率的意涵及其應用，事件的獨立性及其應用。
114	擁有絕佳異性緣的你該如何挑選對象？	高中/數學	D-11A-2 **條件機率**：條件機率的意涵及其應用，事件的獨立性及其應用。
118	氣象預報與機率的重要關係	國中/數學	D-9-2 **認識機率**：機率的意義。
		高中/數學	D-11A-1 **客觀機率**：根據已知的數據獲得客觀機率。
122	物質及熱的擴散同樣能用機率論預測	高中/數學	D-11A-1 **客觀機率**：根據已知的數據獲得客觀機率。 D-11B-2 **不確定性**：獨立事件及其基本應用。
124	開發遊戲或AI會用到亂數	高中/數學	D-11B-2 **不確定性**：獨立事件及其基本應用。
130	有99%的機率判斷出犯人的AI	高中/數學	D-11A-3 **貝氏定理**：條件機率的乘法公式，貝氏定理及其應用。 D-11B-2 **不確定性**：條件機率、貝氏定理、獨立事件及其基本應用。
132	「準確度99%驗出的陽性」代表的真正意義	高中/數學	D-11A-3 **貝氏定理**：條件機率的乘法公式，貝氏定理及其應用。
134	若針對大流行的疾病進行準確度99%的篩檢……	高中/數學	D-11A-3 **貝氏定理**：條件機率的乘法公式，貝氏定理及其應用。
136	機率也可以用來過濾垃圾信	高中/數學	D-11A-3 **貝氏定理**：條件機率的乘法公式，貝氏定理及其應用。 D-11B-2 **不確定性**：條件機率、貝氏定理、獨立事件及其基本應用。

Staff

Editorial Management	木村直之
Cover Design	岩本陽一
Design Format	宮川愛理
Editorial Staff	小松研吾，谷合 稔

Photograph

9	Mindaugas/stock.adobe.com, terovesalainen/stock.adobe.com	71	Ulf/stock.adobe.com
12-13	Mindaugas/stock.adobe.com	80～81	Studio Romantic/stock.adobe.com
16-17	Federico/stock.adobe.com	91	T_kosumi/stock.adobe.com
28-29	terovesalainen/stock.adobe.com	93	Ulf/stock.adobe.com
45	Paylessimages/stock.adobe.com	97	william87/stock.adobe.com

Illustration

表紙カバー	Newton Press	40～43	Newton Press
表紙	Newton Press	47	Newton Press
2, 7	Newton Press	48	【パスカル，フェルマー】小﨑哲太郎
9	Newton Press	49～69	Newton Press
11	Newton Press	71～79	Newton Press
14-15	荻野瑶海	83～84	Newton Press
18～25	Newton Press	87～89	Newton Press
27～29	Newton Press	94-95	Newton Press
33	Newton Press	99	Newton Press
35～38	Newton Press	101～115	Newton Press
39	Newton Press,【ガリレオ】小﨑哲太郎	117～141	Newton Press

【新觀念伽利略04】

機率
預測未來的學問

作者／日本Newton Press
執行副總編輯／王存立
翻譯／甘為治
發行人／周元白
出版者／人人出版股份有限公司
地址／231028 新北市新店區寶橋路235巷6弄6號7樓
電話／（02）2918-3366（代表號）
傳真／（02）2914-0000
網址／www.jjp.com.tw
郵政劃撥帳號／16402311 人人出版股份有限公司
製版印刷／長城製版印刷股份有限公司
電話／（02）2918-3366（代表號）
香港經銷商／一代匯集
電話／（852）2783-8102
第一版第一刷／2024年4月
定價／新台幣380元
　　　港幣127元

國家圖書館出版品預行編目（CIP）資料

機率：預測未來的學問
日本Newton Press作；
甘為治翻譯. -- 第一版. --
新北市：人人出版股份有限公司. 2024.04
面；公分. —（新觀念伽利略；4）
ISBN 978-986-461-373-1（平裝）
1.CST：機率 2.CST：數學教育

319.1　　　　　　　　　113001152

14SAI KARA NO NEWTON CHO
EKAI BON KAKURITSU
Copyright © Newton Press 2022
Chinese translation rights in complex
characters arranged with Newton Press
through Japan UNI Agency, Inc., Tokyo
www.newtonpress.co.jp